Die Erben der]
Menschheit den Klimawandel besiegte

Ein epischer Thriller über Mut, Hoffnung und den Kampf um die Zukunft unseres Planeten

von LucieArt

While every precaution has been taken in the preparation of this book, the publisher assumes no responsibility for errors or omissions, or for damages resulting from the use of the information contained herein.

DIE ERBEN DER ERDE: WIE DIE MENSCHHEIT DEN KLIMAWANDEL BESIEGTE

First edition. October 5, 2024.

Copyright © 2024 LucieArt.

ISBN: 979-8227751423

Written by LucieArt.

Inhaltsverzeichnis

Prolog 1
Kapitel 1: Die Suche nach Eden 2
Kapitel 2: Die Entdeckung von Eden 4
Kapitel 3: Der Widerstand gegen Eden 6
Kapitel 4: Die Welt im Wandel 9
Kapitel 5: Die Verschwörung gegen Eden 12
Kapitel 6: Die Verbreitung von Eden 15
Kapitel 7: Der globale Erfolg von Eden 18
Kapitel 8: Die politischen Intrigen um Eden 20
Kapitel 9: Der Weg zur globalen Transformation 22
Kapitel 10: Die Vision einer neuen Welt 25
Kapitel 11: Der Weg zu einer neuen Allianz 27
Kapitel 12: Die Macht der Wissenschaft und Innovation 31
Kapitel 13: Die Entfaltung der globalen Klimainitiativen 36
Kapitel 14: Die politischen und sozialen Reaktionen auf den Klimapakt .. 40
Kapitel 15: Die Auswirkungen von Eden auf die globale Umwelt 44
Kapitel 16: Die nächsten Schritte für die Zukunft des Klimaschutzes 48
Kapitel 17: Die gesellschaftliche Resonanz auf den „Global Climate Pact" 54
Kapitel 18: Die Implementierung der neuen Technologien 57
Kapitel 19: Die Herausforderungen und Erfolge der internationalen Klimainitiativen 61
Kapitel 20: Die Transformation von Eden in eine globale Klimaschutzorganisation 65
Schlusswort: Der Weg in die Zukunft 69

Prolog

New York City, 2040 – Im Angesicht der Zerstörung

Die Sonne war ein schwaches, mattes Licht hinter dichten Wolken aus Staub und Asche, die sich über New York City gelegt hatten. Der einst so lebendige Central Park war jetzt ein riesiger See, in dem verwitterte Baumstämme und Treibgut trieben. Die Straßen waren von einer dünnen Eisschicht bedeckt, und die wenigen verbliebenen Menschen bewegten sich in dick eingemummelten Kleidungsschichten durch die Ruinen der Stadt.

Dr. Elisa Hartmann, eine Klimawissenschaftlerin von internationalem Rang, starrte auf das einstige grüne Herz New Yorks, das nun zu einem Symbol der Zerstörung geworden war. Neben ihr standen ihre Kollegen – Dr. Michael Weber, ein Geophysiker mit Spezialgebiet Erdbebenforschung, und Lena Schmidt, eine Ingenieurin mit Erfahrung in erneuerbaren Energien. Sie hatten sich an einem verlassenen Punkt des Parks versammelt, um die schrecklichen Auswirkungen des Klimawandels zu begutachten und zu dokumentieren.

„Hier war vor zehn Jahren noch Leben", begann Hartmann mit gedämpfter Stimme. „Ein Ort der Erholung und des Friedens. Jetzt ist es nur noch ein trauriges Relikt unserer Fehlentscheidungen."

Michael schüttelte den Kopf. „Wir stehen am Rand des Abgrunds. Der Meeresspiegel ist weiter gestiegen, und diese extreme Kälte ist nur ein Vorgeschmack auf das, was uns noch bevorsteht."

Lena klappte ein schweres Gerät auf, das die Eisbedeckung und den Wasserstand messen sollte. „Unsere Messungen bestätigen das Ausmaß der Schäden", sagte sie. „Aber wir brauchen mehr als Daten. Wir brauchen eine Lösung, bevor es zu spät ist."

Dr. Hartmann nickte und zog ein altes Dokument aus ihrer Tasche. „Es gibt Hinweise auf ein geheimes Projekt, das möglicherweise die letzte Chance für uns ist. Es nennt sich ‚Eden'."

Kapitel 1: Die Suche nach Eden

Die Ruinen von New York City

Dr. Hartmann und ihr Team durchquerten die verwüsteten Straßen von New York City, um zu einer geheimen Forschungsstation zu gelangen, von der sie gehört hatten. Die Stadt war eine stumme Mahnung an das Versagen der Menschheit, und jeder ihrer Schritte hallte durch die verlassenen Straßen. In einem verfallenen Hochhaus fanden sie einen Eingang zu den U-Bahn-Schächten, die unter der Stadt verborgen lagen.

„Hier soll es also versteckte Archive geben", sagte Michael und zeigte auf eine rostige Tür. „Wenn das Projekt Eden hier noch Spuren hinterlassen hat, dann müssen wir sie finden."

Sie stiegen in die Dunkelheit der U-Bahn-Schächte hinab, wo das Licht ihrer Taschenlampen nur schwache Lichtstrahlen auf die Wände warf. Die Umgebung war feucht und muffig, und jeder Schritt wurde von einem schleichenden Echo begleitet.

Die Entdeckung der alten Forschungsstation

Nach Stunden des Suchens fanden sie schließlich eine heruntergekommene Forschungsstation. Die Station war anscheinend seit Jahren verlassen, doch die Hinweise, die sie fanden, waren vielversprechend. Alte Akten und verstaubte Computer lagen auf Tischen, und zahlreiche Schaltpläne hingen an den Wänden.

„Das ist es", sagte Lena, als sie auf einen alten Computerbildschirm starrte, der noch in Betrieb war. „Wir haben es gefunden."

Sie begannen, die Dokumente zu durchforsten und stießen auf detaillierte Pläne für eine neue Technologie, die darauf abzielte, das Klima zu stabilisieren.

„Das ist es, was wir brauchen", sagte Hartmann aufgeregt. „Wir müssen diese Informationen nutzen, um Eden zu finden."

Die Reise nach Norwegen

Mit den Informationen aus der Forschungsstation machten sie sich auf den Weg nach Norwegen. Die Reise war beschwerlich und gefahrvoll. Sie durchquerten eisige Landschaften und kämpften gegen extreme Wetterbedingungen.

„Norwegen ist unsere nächste Station", erklärte Hartmann. „Dort sollen sich die Hauptforschungsanlagen für Eden befinden. Wir müssen uns beeilen, denn die Zeit läuft uns davon."

Die Ankunft in Norwegen

In Norwegen fanden sie einen versteckten Eingang zu einem unterirdischen Labor. Die Anlage war erstaunlich gut erhalten, was auf eine kontinuierliche Wartung in den vergangenen Jahren hindeutete.

„Das ist unsere Chance", sagte Michael. „Wenn Eden hier ist, können wir es aktivieren und möglicherweise die Wende herbeiführen."

Die erste Konfrontation

Während sie das Labor durchsuchten, wurden sie von einer geheimen Organisation entdeckt, die ebenfalls an Eden interessiert war. Die Organisation hatte eigene Pläne, die Technologie für ihre Zwecke zu nutzen.

„Wir müssen einen Weg finden, sie abzulenken", flüsterte Lena. „Sonst werden sie uns aufhalten, bevor wir unsere Mission beenden können."

Mit einem raffinierten Plan gelang es ihnen, die Verfolger abzuschütteln und die Entdeckung der Eden-Technologie voranzutreiben.

Kapitel 2: Die Entdeckung von Eden

Das unterirdische Labor in Norwegen

Im unterirdischen Labor entdeckte das Team die detaillierten Pläne für das Eden-Projekt. Die Technologie umfasste eine fortschrittliche Klimasteuerungseinheit, die dazu in der Lage war, atmosphärische Bedingungen zu regulieren und die Erde vor weiteren Katastrophen zu bewahren.

„Das ist unglaublich", sagte Michael, als er die ersten Skizzen und technischen Details betrachtete. „Wenn wir diese Technologie aktivieren können, haben wir eine Chance, den Klimawandel umzukehren."

Die Aktivierung der Klimasteuerungseinheit

Das Team arbeitete Tag und Nacht daran, die Klimasteuerungseinheit zu aktivieren. Es war ein komplexer Prozess, der ein tiefes Verständnis der Technologie erforderte.

„Wir müssen alle Systeme synchronisieren", erklärte Lena. „Jeder Fehler könnte katastrophale Folgen haben."

Mit jeder erfolgreich abgeschlossenen Aufgabe rückte der Moment näher, in dem sie die Einheit aktivieren konnten. Ihre Arbeit war intensiv, und die Verantwortung auf ihren Schultern wuchs.

Der Einbruch der geheimen Organisation

Gerade als sie kurz davor waren, Eden zu aktivieren, brach die geheime Organisation in das Labor ein. Es kam zu einem dramatischen Kampf, bei dem das Team gezwungen war, sich zu verteidigen und gleichzeitig den Fortschritt der Technologie zu schützen.

„Wir müssen Eden aktivieren, bevor sie uns stoppen", schrie Hartmann. „Haltet sie auf, so gut ihr könnt!"

Mit vereinten Kräften und unter enormem Druck gelang es ihnen, die feindlichen Agenten zu besiegen und die letzten Schritte zur Aktivierung von Eden zu unternehmen.

Die Aktivierung von Eden

Mit einem letzten Befehl aktivierten sie schließlich die Klimasteuerungseinheit. Ein leuchtendes Hologramm erschien, das die verschiedenen Funktionen der Technologie und die erwarteten Auswirkungen auf das Klima zeigte.

„Es ist vollbracht", sagte Michael erschöpft. „Wir haben Eden aktiviert."

Die Klimasteuerungseinheit begann, die atmosphärischen Bedingungen zu regulieren. Die Auswirkungen waren zunächst nur minimal, aber die Hoffnung auf eine zukünftige Verbesserung war greifbar.

Die Flucht aus Norwegen

Nachdem Eden aktiviert war, mussten Hartmann und ihr Team Norwegen verlassen, um sich vor weiteren Angriffen der geheimen Organisation zu schützen. Sie reisten durch versteckte Wege und trafen sich schließlich mit ihren Verbündeten, um die nächsten Schritte zu planen.

„Unsere Mission ist noch lange nicht beendet", sagte Hartmann. „Wir müssen sicherstellen, dass die Technologie funktioniert und die Welt erfährt, was wir erreicht haben."

Kapitel 3: Der Widerstand gegen Eden

Die Verschwörung gegen die Technologie

Die Entdeckung von Eden und die damit verbundene Technologie lösten weltweite Reaktionen aus. Während viele Menschen Hoffnung schöpften, versuchten einige einflussreiche Organisationen und Einzelpersonen, die Technologie zu kontrollieren oder zu zerstören, um ihre eigenen Interessen zu wahren.

„Eden ist eine Bedrohung für viele Mächtige", erklärte Lena. „Wir müssen sicherstellen, dass wir den Widerstand gegen uns überwinden und die Technologie schützen."

Die Bildung eines globalen Netzwerks

Hartmann und ihr Team begaben sich auf eine weltweite Reise, um ein Netzwerk von Unterstützern aufzubauen. Sie sprachen mit Regierungsvertretern, Umweltaktivisten und Wissenschaftlern, um ein globales Bündnis zu schaffen, das Eden unterstützen würde.

„Wir brauchen internationale Unterstützung", sagte Michael. „Nur gemeinsam können wir die Welt retten."

Die Unterstützung durch Verbündete

Während ihrer Reise gewannen sie wichtige Verbündete. Zu ihnen gehörten Regierungsbeamte, die bereit waren, ihre Macht einzusetzen, und Umweltorganisationen, die sich für die Erhaltung des Planeten einsetzten.

„Unsere Verbündeten werden entscheidend für den Erfolg unserer Mission sein", sagte Hartmann. „Wir müssen ihre Hilfe nutzen, um Eden zu sichern."

Die Abwehr der Angriffe

Die geheime Organisation unternahm fortlaufend Versuche, Eden zu sabotieren und das Team zu stoppen. Hartmann und ihr Team mussten strategische Entscheidungen treffen, um diese Angriffe abzuwehren und ihre Mission fortzusetzen.

„Wir dürfen uns nicht von den Angriffen aufhalten lassen", sagte Lena. „Unsere Arbeit ist zu wichtig, um sie aufzugeben."

Der Aufbau eines Schutzsystems

Um Eden vor weiteren Angriffen zu schützen, entwickelten sie ein umfassendes Sicherheits- und Schutzsystem. Dieses System sollte verhindern, dass die geheime Organisation oder andere Feinde Zugriff auf die Technologie erhalten konnten.

„Wir müssen sicherstellen, dass Eden in sicheren Händen bleibt", sagte Michael. „Unsere Schutzmaßnahmen müssen umfassend und effektiv sein."

Die Verbreitung der Information

Die letzte Phase des Plans war es, die Existenz von Eden der Weltöffentlichkeit bekannt zu machen und die Menschen zu mobilisieren. Sie organisierten eine große Konferenz, auf der sie die Technologie vorstellten und die Welt über die Möglichkeiten informierten.

„Die Welt muss wissen, dass es Hoffnung gibt", erklärte Hartmann. „Wir müssen ihnen zeigen, dass wir die Probleme bewältigen können."

Die erste internationale Reaktion

Die Reaktionen auf die Konferenz waren gemischt. Einige begrüßten die Möglichkeit, dass Eden den Klimawandel stoppen könnte, während andere skeptisch waren und Fragen zu den Risiken und Nebenwirkungen aufwarfen.

„Die Menschen sind unsicher", sagte Lena. „Wir müssen ihnen Vertrauen in die Technologie geben und beweisen, dass wir die Probleme lösen können."

Die Stärkung der internationalen Partnerschaften

Durch die internationale Reaktion wurden die Partnerschaften gestärkt und weiter ausgebaut. Hartmann und ihr Team arbeiteten daran, ein Netzwerk von Ländern und Organisationen zu schaffen, die gemeinsam an der Rettung der Erde arbeiten würden.

„Unser Erfolg hängt von der Stärke unserer Partnerschaften ab", sagte Michael. „Wir müssen zusammenarbeiten, um unsere Ziele zu erreichen."

Kapitel 4: Die Welt im Wandel

Die ersten Erfolge von Eden

Nachdem Eden aktiviert worden war, zeigten die ersten Messungen eine langsame, aber spürbare Verbesserung des Klimas. Die Temperaturen stabilisierten sich, und einige der extremen Wetterphänomene nahmen ab.

„Es ist ein Anfang", sagte Hartmann. „Aber wir dürfen uns nicht auf unseren Lorbeeren ausruhen. Es gibt noch viel zu tun."

Die Herausforderungen des globalen Wandels

Die Veränderungen waren nur der erste Schritt, und das Team musste nun mit den Herausforderungen des globalen Wandels umgehen. Sie arbeiteten daran, die Technologie weiter zu optimieren und ihre Effekte auf das globale Klima zu überwachen.

„Wir haben viel erreicht, aber es ist nur der Anfang", erklärte Lena. „Wir müssen sicherstellen, dass die Technologie langfristig wirksam bleibt."

Die Reaktionen der Bevölkerung

Die Bevölkerung reagierte unterschiedlich auf die positiven Nachrichten über Eden. Viele Menschen waren erleichtert und hoffnungsvoll, während andere skeptisch waren und Fragen über die langfristigen Auswirkungen stellten.

„Wir müssen die Öffentlichkeit über die Fortschritte informieren", sagte Michael. „Sie müssen wissen, dass wir auf dem richtigen Weg sind."

Die politische Landschaft im Umbruch

Eden brachte Veränderungen in der politischen Landschaft mit sich. Regierungen passten ihre Klimapolitik an, und neue Gesetze und Regelungen wurden eingeführt, um die Technologie zu unterstützen.

„Die politischen Veränderungen sind notwendig", sagte Hartmann. „Wir müssen sicherstellen, dass die Regierungen die Technologie unterstützen und nicht behindern."

Die Organisation von Hilfsaktionen

Mit den positiven Fortschritten begann das Team, Hilfsaktionen zu organisieren, um den von der Klimakrise betroffenen Menschen zu helfen. Diese Aktionen umfassten humanitäre Hilfe, Wiederaufbauprojekte und Umweltinitiativen.

„Wir müssen den Menschen helfen, die unter der Klimakrise gelitten haben", sagte Lena. „Es ist unsere Verantwortung, die Welt zu einem besseren Ort zu machen."

Die internationale Zusammenarbeit vertiefen

Hartmann und ihr Team arbeiteten daran, die internationale Zusammenarbeit weiter zu vertiefen und neue Partnerschaften aufzubauen. Sie organisierten internationale Konferenzen und Austauschprogramme, um Wissen und Ressourcen zu teilen.

„Unsere Zusammenarbeit ist der Schlüssel zum Erfolg", sagte Michael. „Wir müssen gemeinsam an der Lösung der globalen Probleme arbeiten."

Die Überwachung der Fortschritte

Das Team setzte umfassende Überwachungsmaßnahmen ein, um die Fortschritte der Klimasteuerungstechnologie zu verfolgen und sicherzustellen, dass die gewünschten Ergebnisse erzielt wurden.

„Wir müssen sicherstellen, dass die Technologie wie vorgesehen funktioniert", sagte Hartmann. „Die Überwachung ist entscheidend für unseren Erfolg."

Die Ausweitung der Technologie

Mit den ersten Erfolgen planten Hartmann und ihr Team die Ausweitung von Eden auf andere Regionen und Länder. Sie arbeiteten daran, die Technologie weltweit verfügbar zu machen und weitere Projekte zu initiieren.

„Wir müssen die Technologie global verbreiten", sagte Lena. „Nur so können wir den Klimawandel auf globaler Ebene bekämpfen."

Die langfristige Vision

Die langfristige Vision des Teams war es, Eden zu einem dauerhaften Bestandteil der globalen Klimapolitik zu machen und sicherzustellen, dass die Technologie auch in Zukunft wirksam bleibt.

„Unsere Vision ist eine nachhaltige Zukunft für die Erde", sagte Michael. „Wir müssen dafür sorgen, dass Eden langfristig erfolgreich ist."

Kapitel 5: Die Verschwörung gegen Eden

Die geheime Organisation tritt in Aktion

Als Eden an Bedeutung gewann, trat die geheime Organisation, die die Technologie kontrollieren wollte, in den Vordergrund. Sie starteten geheime Operationen, um Eden zu untergraben und ihre eigenen Ziele zu verfolgen.

„Die Organisation ist entschlossen, Eden zu sabotieren", sagte Hartmann. „Wir müssen ihre Pläne durchkreuzen."

Die Planung eines Gegenangriffs

Hartmann und ihr Team entwickelten eine Strategie, um die Angriffe der Organisation abzuwehren und ihre eigenen Pläne zu schützen. Dies umfasste sowohl defensive Maßnahmen als auch offensive Aktionen, um die Gegner zu schwächen.

„Wir müssen sowohl die Verteidigung als auch die Offensive planen", erklärte Michael. „Es ist ein komplexer Prozess, aber wir haben keine andere Wahl."

Die Durchführung von Gegenmaßnahmen

In mehreren geheimen Operationen unterbrachen Hartmann und ihr Team die Pläne der Organisation. Sie führten gezielte Angriffe durch, um die Gegner zu schwächen und ihre Ressourcen zu stören.

„Unsere Aktionen sind riskant, aber sie sind notwendig", sagte Lena. „Wir müssen alles tun, um Eden zu schützen."

Die Entdeckung von Verrätern

Im Laufe ihrer Mission entdeckten sie, dass es Verräter in ihren eigenen Reihen gab, die Informationen an die geheime Organisation weitergaben.

„Wir müssen herausfinden, wer die Verräter sind", sagte Hartmann. „Ihre Handlungen könnten unsere gesamte Mission gefährden."

Die Beseitigung der Verräter

Hartmann und ihr Team nahmen Maßnahmen, um die Verräter zu entlarven und zu beseitigen. Dies war eine heikle Aufgabe, da sie sowohl ihre eigenen Leute schützen als auch die Sicherheit der Mission gewährleisten mussten.

„Es ist eine schwierige Situation", erklärte Michael. „Aber wir müssen entschieden handeln."

Die Stabilisierung der Situation

Nachdem die Verräter beseitigt waren, konzentrierten sie sich darauf, die Situation zu stabilisieren und ihre Pläne für Eden fortzusetzen.

„Wir müssen sicherstellen, dass wir jetzt ruhig und methodisch vorgehen", sagte Lena. „Wir dürfen uns nicht von den Problemen ablenken lassen."

Die Vorbereitung auf den nächsten Angriff

Mit der Situation stabilisiert, planten sie bereits den nächsten Schritt, um ihre Gegner weiter zu bekämpfen und ihre eigenen Ziele zu erreichen.

„Die Organisation wird nicht aufgeben", sagte Hartmann. „Wir müssen uns auf weitere Angriffe vorbereiten."

Die Schaffung eines Notfallplans

Das Team entwickelte einen Notfallplan für den Fall, dass Eden in Gefahr geriet oder sie selbst in eine kritische Situation geraten würden.

„Wir müssen auf alles vorbereitet sein", erklärte Michael. „Ein Notfallplan ist entscheidend für unseren Erfolg."

Die Überwachung der Gegner

Sie richteten ein Überwachungssystem ein, um die Aktivitäten der geheimen Organisation zu verfolgen und frühzeitig auf Bedrohungen reagieren zu können.

„Wir müssen wissen, was unsere Gegner planen", sagte Lena. „Nur so können wir uns vorbereiten."

Kapitel 6: Die Verbreitung von Eden

Die Erschließung neuer Märkte

Mit der Stabilisierung der Situation und dem Schutz von Eden begannen Hartmann und ihr Team, die Technologie auf neuen Märkten einzuführen. Sie suchten nach Ländern und Regionen, die von der Technologie profitieren könnten.

„Wir müssen neue Partnerschaften eingehen", sagte Hartmann. „Es ist wichtig, Eden weltweit bekannt zu machen."

Die Präsentation bei internationalen Konferenzen

Hartmann und ihr Team präsentierten Eden bei internationalen Konferenzen und führten Verhandlungen mit verschiedenen Ländern, um ihre Unterstützung für das Projekt zu gewinnen.

„Diese Konferenzen sind entscheidend für unseren Erfolg", sagte Michael. „Wir müssen überzeugend auftreten und die Vorteile von Eden klar darstellen."

Die Einführung von Eden in Entwicklungsländern

Ein wichtiger Teil ihrer Strategie war die Einführung von Eden in Entwicklungsländern, die besonders stark unter den Auswirkungen des Klimawandels litten. Sie arbeiteten daran, diese Länder in das globale Netzwerk von Eden zu integrieren.

„Wir müssen sicherstellen, dass auch die Entwicklungsländer Zugang zu Eden haben", sagte Lena. „Sie sind besonders betroffen und benötigen unsere Unterstützung."

Die Partnerschaft mit internationalen Organisationen

Hartmann und ihr Team suchten die Zusammenarbeit mit internationalen Organisationen, die sich für den Umweltschutz und den Klimawandel einsetzten.

„Die Zusammenarbeit mit internationalen Organisationen ist wichtig für unsere Glaubwürdigkeit", sagte Michael.

„Sie können uns helfen, Eden zu verbreiten und zu unterstützen."

Die Herausforderungen der internationalen Expansion

Die internationale Expansion brachte neue Herausforderungen mit sich, darunter politische Hürden, kulturelle Unterschiede und wirtschaftliche Barrieren.

„Wir müssen diese Herausforderungen meistern, um Eden weltweit einzuführen", erklärte Hartmann. „Es ist ein komplexer Prozess, aber er ist notwendig."

Die Entwicklung von Schulungsprogrammen

Um sicherzustellen, dass Eden effektiv genutzt werden konnte, entwickelten sie Schulungsprogramme für Techniker und Wissenschaftler in den neuen Märkten.

„Wir müssen sicherstellen, dass die Technologie richtig eingesetzt wird", sagte Lena. „Schulungsprogramme sind ein wichtiger Teil unserer Strategie."

Die Sicherstellung der Qualität und Effizienz

Hartmann und ihr Team arbeiteten daran, die Qualität und Effizienz von Eden zu gewährleisten, um sicherzustellen, dass die Technologie überall effektiv eingesetzt werden konnte.

„Wir müssen die Qualität unserer Arbeit überprüfen und sicherstellen, dass Eden überall erfolgreich ist", sagte Michael.

Die Überwachung der internationalen Projekte

Um den Erfolg der internationalen Projekte zu gewährleisten, richteten sie ein Überwachungssystem ein, das die Fortschritte der verschiedenen Eden-Implementierungen verfolgte.

„Wir müssen den Erfolg unserer internationalen Projekte überwachen", sagte Hartmann. „Es ist wichtig, dass wir kontinuierlich evaluieren und anpassen."

Die Anpassung der Technologie

Basierend auf den Erfahrungen aus den internationalen Projekten passten sie die Technologie von Eden an verschiedene geografische und klimatische Bedingungen an.

„Wir müssen flexibel sein und die Technologie anpassen", erklärte Lena. „Jedes Projekt ist einzigartig und benötigt spezielle Lösungen."

Kapitel 7: Der globale Erfolg von Eden

Die Ersten Erfolge in der internationalen Gemeinschaft

Mit der zunehmenden Verbreitung von Eden begannen erste Erfolge sichtbar zu werden. Die Technologie stabilisierte das Klima in verschiedenen Regionen und zeigte positive Ergebnisse.

„Es ist ermutigend zu sehen, wie Eden wirkt", sagte Hartmann. „Die ersten Erfolge sind ein Zeichen, dass wir auf dem richtigen Weg sind."

Die Steigerung der globalen Unterstützung

Die positiven Ergebnisse führten zu einer weiteren Steigerung der globalen Unterstützung für Eden. Mehr Länder schlossen sich dem Projekt an, und internationale Organisationen boten zusätzliche Ressourcen an.

„Die Unterstützung wächst", sagte Michael. „Das ist ein Zeichen, dass unsere Arbeit Wirkung zeigt."

Die Planung für zukünftige Projekte

Mit dem Erfolg von Eden planten Hartmann und ihr Team zukünftige Projekte und Erweiterungen. Sie suchten nach neuen Möglichkeiten, die Technologie weiterzuentwickeln und anzuwenden.

„Wir müssen langfristig denken und planen", erklärte Lena. „Der Erfolg von Eden ist erst der Anfang."

Die Herausforderung durch neue Bedrohungen

Mit dem Erfolg kamen auch neue Bedrohungen. Einige Feinde des Projekts versuchten, die positiven Entwicklungen zu sabotieren und den Erfolg von Eden zu verhindern.

„Wir müssen auf neue Bedrohungen vorbereitet sein", sagte Hartmann. „Unsere Gegner werden nicht aufgeben."

Die Entwicklung neuer Technologien

Im Rahmen der zukünftigen Projekte arbeiteten sie an der Entwicklung neuer Technologien, die die Fähigkeiten von Eden erweitern und verbessern sollten.

„Wir müssen innovativ sein und neue Technologien entwickeln", erklärte Michael. „Nur so können wir den Klimawandel weiter bekämpfen."

Die Sicherstellung der langfristigen Nachhaltigkeit

Ein wichtiger Fokus lag auf der Sicherstellung der langfristigen Nachhaltigkeit von Eden. Sie entwickelten Strategien, um sicherzustellen, dass die Technologie auch in der Zukunft effektiv bleiben würde.

„Langfristige Nachhaltigkeit ist entscheidend", sagte Lena. „Wir müssen sicherstellen, dass Eden dauerhaft erfolgreich ist."

Die Förderung von Bildung und Forschung

Hartmann und ihr Team förderten Bildung und Forschung, um die nächste Generation von Wissenschaftlern und Technikern auf die Herausforderungen des Klimawandels vorzubereiten.

„Bildung und Forschung sind die Grundlage für unsere Zukunft", sagte Michael. „Wir müssen in diese Bereiche investieren."

Die Überwachung der globalen Klimaentwicklung

Sie richteten umfassende Systeme ein, um die globale Klimaentwicklung zu überwachen und sicherzustellen, dass Eden die gewünschten Ergebnisse erzielte.

„Wir müssen kontinuierlich überwachen und anpassen", erklärte Hartmann. „Nur so können wir sicherstellen, dass Eden effektiv bleibt."

Die Verbreitung des Wissens über Eden

Ein wichtiger Teil ihrer Strategie war die Verbreitung des Wissens über Eden. Sie organisierten Informationskampagnen und Veröffentlichungen, um die Welt über die Fortschritte des Projekts zu informieren.

„Wir müssen das Wissen über Eden verbreiten", sagte Lena. „Die Welt muss wissen, was wir erreicht haben."

Kapitel 8: Die politischen Intrigen um Eden

Die Machtkämpfe im Hintergrund

Mit dem Erfolg von Eden traten politische Machtkämpfe auf den Plan. Verschiedene Fraktionen und Einzelpersonen versuchten, Einfluss auf das Projekt zu gewinnen und ihre eigenen Ziele durchzusetzen.

„Die politischen Intrigen sind komplex", sagte Hartmann. „Wir müssen geschickt agieren, um unsere Ziele zu erreichen."

Die Verhandlungen mit mächtigen Interessengruppen

Hartmann und ihr Team führten Verhandlungen mit mächtigen Interessengruppen, die ein Interesse an Eden hatten. Diese Verhandlungen waren entscheidend für die Zukunft des Projekts.

„Wir müssen unsere Verhandlungen strategisch führen", sagte Michael. „Es geht um viel, und wir müssen geschickt vorgehen."

Die Handhabung von politischen Erpressungen

Im Laufe der Verhandlungen sahen sie sich politischen Erpressungen ausgesetzt. Verschiedene Gruppen versuchten, Eden zu ihrem Vorteil zu nutzen, indem sie Druck auf das Team ausübten.

„Wir müssen standhaft bleiben", erklärte Lena. „Wir dürfen uns nicht erpressen lassen."

Die Aufdeckung einer geheimen Agenda

Hartmann und ihr Team entdeckten eine geheime Agenda einiger politischer Akteure, die versuchten, Eden für ihre eigenen Ziele zu missbrauchen.

„Es gibt eine geheime Agenda", sagte Hartmann. „Wir müssen herausfinden, wer dahintersteckt."

Die Entwicklung einer Strategie gegen politische Manipulation

Um sich gegen die politische Manipulation zu wehren, entwickelten sie eine Strategie, um ihre Interessen zu schützen und die Integrität von Eden zu gewährleisten.

„Wir brauchen eine klare Strategie", sagte Michael. „Wir müssen unsere Interessen wahren."

Die Sicherstellung der politischen Unterstützung

Eine wichtige Aufgabe war es, die politische Unterstützung für Eden zu sichern und sicherzustellen, dass das Projekt weiterhin unterstützt wurde.

„Wir müssen die politische Unterstützung festigen", erklärte Lena. „Ohne Unterstützung werden wir nicht weit kommen."

Die Öffentlichkeitsarbeit zur Stärkung von Eden

Hartmann und ihr Team organisierten Öffentlichkeitsarbeit, um die Unterstützung der Bevölkerung für Eden zu stärken und das Projekt positiv darzustellen.

„Die Öffentlichkeitsarbeit ist entscheidend für unseren Erfolg", sagte Michael. „Wir müssen die Menschen hinter uns bringen."

Die Auseinandersetzung mit Gegnern im politischen Umfeld

Im politischen Umfeld sahen sie sich auch Gegnern gegenüber, die versuchten, Eden zu sabotieren und den Erfolg des Projekts zu verhindern.

„Wir müssen uns gegen diese Gegner wehren", sagte Hartmann. „Es ist ein Kampf um die Zukunft."

Die Schaffung von Allianzen

Um die politischen Herausforderungen zu meistern, schufen sie Allianzen mit anderen Ländern und Organisationen, die ähnliche Ziele verfolgten.

„Allianzen sind wichtig", sagte Lena. „Wir müssen starke Partnerschaften aufbauen."

Kapitel 9: Der Weg zur globalen Transformation

Die Ausweitung von Eden auf neue Kontinente

Mit dem Erfolg in mehreren Regionen planten Hartmann und ihr Team die Ausweitung von Eden auf neue Kontinente. Diese Expansion erforderte sorgfältige Planung und Vorbereitung.

„Die Ausweitung ist ein wichtiger Schritt", sagte Michael. „Wir müssen sicherstellen, dass wir gut vorbereitet sind."

Die Anpassung der Technologie an verschiedene Klimazonen

Die Technologie von Eden musste an verschiedene Klimazonen angepasst werden, um in unterschiedlichen Regionen wirksam zu sein.

„Wir müssen die Technologie anpassen", erklärte Lena. „Jede Region hat ihre eigenen Herausforderungen."

Die Herausforderungen der internationalen Kooperation

Die internationale Kooperation brachte neue Herausforderungen mit sich, darunter logistische Probleme, kulturelle Unterschiede und politische Differenzen.

„Die Kooperation ist komplex", sagte Hartmann. „Wir müssen diese Herausforderungen meistern."

Die Sicherstellung der Verteilung von Ressourcen

Eine wichtige Aufgabe war die Sicherstellung der gerechten Verteilung von Ressourcen für die verschiedenen Projekte und Regionen.

„Wir müssen die Ressourcen gerecht verteilen", sagte Michael. „Es ist wichtig, dass jeder Zugang zu den notwendigen Mitteln hat."

Die Entwicklung von langfristigen Strategien

Hartmann und ihr Team entwickelten langfristige Strategien, um sicherzustellen, dass Eden auch in der Zukunft erfolgreich blieb.

„Langfristige Strategien sind entscheidend", sagte Lena. „Wir müssen für die Zukunft planen."

Die Verbreitung des Erfolgs von Eden in den Medien

Sie nutzten die Medien, um den Erfolg von Eden zu verbreiten und die Bevölkerung über die Fortschritte zu informieren.

„Die Medien sind ein wichtiges Werkzeug", sagte Michael. „Wir müssen unsere Erfolge kommunizieren."

Die Zusammenarbeit mit Wissenschaftlern und Forschern

Hartmann und ihr Team arbeiteten eng mit Wissenschaftlern und Forschern zusammen, um die Technologie weiterzuentwickeln und zu verbessern.

„Die Zusammenarbeit mit Wissenschaftlern ist wichtig", sagte Lena. „Gemeinsam können wir neue Lösungen finden."

Die Sicherstellung der finanziellen Mittel für die Projekte

Eine zentrale Aufgabe war die Sicherstellung der finanziellen Mittel für die internationalen Projekte und die Weiterentwicklung von Eden.

„Wir müssen die finanziellen Mittel sichern", sagte Hartmann. „Ohne Geld können wir nichts erreichen."

Die Evaluierung der Fortschritte und Erfolge

Sie führten umfassende Evaluierungen durch, um die Fortschritte und Erfolge von Eden zu messen und die nächsten Schritte zu planen.

„Die Evaluierung ist wichtig", sagte Michael. „Wir müssen wissen, wo wir stehen und was wir noch erreichen müssen."

Die Förderung von Innovationen

Hartmann und ihr Team förderten Innovationen, um Eden weiterzuentwickeln und neue Wege im Kampf gegen den Klimawandel zu finden.

„Innovation ist der Schlüssel", sagte Lena. „Wir müssen immer nach neuen Lösungen suchen."

Kapitel 10: Die Vision einer neuen Welt

Die langfristige Vision für die Zukunft der Erde

Hartmann und ihr Team entwickelten eine langfristige Vision für die Zukunft der Erde, die auf den Erfolgen von Eden aufbaute.

„Unsere Vision ist eine bessere Welt für die Zukunft", sagte Hartmann. „Wir arbeiten für eine nachhaltige und gerechte Zukunft."

Die Schaffung eines globalen Netzwerks für Umweltschutz

Eine wichtige Aufgabe war es, ein globales Netzwerk für den Umweltschutz zu schaffen, das über Eden hinausging.

„Ein globales Netzwerk ist wichtig", sagte Michael. „Wir müssen zusammenarbeiten, um die Umwelt zu schützen."

Die Förderung einer nachhaltigen Entwicklung

Sie setzten sich für eine nachhaltige Entwicklung ein, die sowohl wirtschaftliche als auch ökologische Aspekte berücksichtigte.

„Nachhaltige Entwicklung ist entscheidend", sagte Lena. „Wir müssen eine Balance finden zwischen Fortschritt und Umweltschutz."

Die Unterstützung von Initiativen für den Klimaschutz

Hartmann und ihr Team unterstützten Initiativen für den Klimaschutz, die sich für den Schutz der Erde und die Bekämpfung des Klimawandels einsetzten.

„Wir müssen Initiativen unterstützen", sagte Michael. „Gemeinsam können wir große Veränderungen bewirken."

Die Weitergabe von Wissen und Erfahrungen

Sie gaben ihr Wissen und ihre Erfahrungen weiter, um andere Länder und Organisationen zu unterstützen.

„Wissen und Erfahrungen weiterzugeben ist wichtig", sagte Lena. „Wir müssen andere ermutigen, ähnliche Projekte zu starten."

Die Förderung von Bildung für den Umweltschutz

Ein Schwerpunkt war die Förderung von Bildung für den Umweltschutz, um das Bewusstsein für die Herausforderungen des Klimawandels zu stärken.

„Bildung ist der Schlüssel für den Umweltschutz", sagte Hartmann. „Wir müssen die nächste Generation auf die Herausforderungen vorbereiten."

Die Erarbeitung eines Plans für eine gerechte Welt

Hartmann und ihr Team arbeiteten an einem Plan für eine gerechte Welt, der soziale und ökologische Gerechtigkeit vereinte.

„Gerechtigkeit ist ein wichtiger Bestandteil unserer Vision", sagte Michael. „Wir müssen für eine faire und gerechte Welt arbeiten."

Die Reflexion über die Reise und die Zukunft

Am Ende ihrer Reise reflektierten Hartmann und ihr Team über ihre Erfolge, Herausforderungen und die Zukunft.

„Es war eine lange und schwierige Reise", sagte Lena. „Aber wir haben viel erreicht und können stolz auf unsere Arbeit sein."

Die Hoffnung auf eine bessere Zukunft

Mit Blick auf die Zukunft waren sie hoffnungsvoll, dass ihre Arbeit einen nachhaltigen Unterschied machen würde.

„Wir haben eine gute Grundlage geschaffen", sagte Hartmann. „Ich hoffe, dass wir auf diesem Weg weitergehen und die Welt verbessern können."

Kapitel 11: Der Weg zu einer neuen Allianz

Die Erschaffung eines globalen Klimabündnisses

Nach dem Erfolg von Eden in verschiedenen Regionen erkannte Hartmann, dass der nächste Schritt in der Schaffung eines globalen Klimabündnisses lag. Ziel war es, eine formelle und strukturierte Allianz von Nationen und Organisationen zu etablieren, die sich dem gemeinsamen Ziel verschrieben, den Klimawandel zu bekämpfen und eine nachhaltige Zukunft zu sichern.

„Ein globales Klimabündnis ist notwendig, um eine koordinierte und effektive Antwort auf die Klimakrise zu gewährleisten", erklärte Hartmann bei einer internationalen Konferenz. „Wir müssen unsere Kräfte bündeln und gemeinsam an der Lösung arbeiten."

Die Gründung des Bündnisses erforderte umfangreiche Verhandlungen und Diplomatie. Hartmann und ihr Team reisten durch die Welt, um die Führungskräfte verschiedener Länder und internationaler Organisationen zu treffen. Bei diesen Treffen präsentierten sie die Erfolge von Eden und forderten die Staaten auf, sich dem Bündnis anzuschließen.

„Wir haben beeindruckende Fortschritte gemacht, aber um eine echte Veränderung herbeizuführen, brauchen wir eine globale Zusammenarbeit", sagte Michael bei einem Treffen mit einem europäischen Umweltminister. „Ihre Unterstützung ist entscheidend für den Erfolg unseres Vorhabens."

Die Verhandlungen waren oft schwierig und zogen sich über Monate hin. Unterschiedliche nationale Interessen, wirtschaftliche Prioritäten und politische Differenzen führten zu intensiven Diskussionen. Doch Hartmann und ihr Team waren entschlossen, eine gemeinsame Basis zu finden. Sie schufen ein Dokument, das die Grundprinzipien des Bündnisses festlegte und die Verpflichtungen der Mitgliedsstaaten festhielt.

Die Entstehung des „Global Climate Pact"

Der „Global Climate Pact" wurde als formelle Vereinbarung unterzeichnet, die die Mitgliedsstaaten verpflichtete, konkrete Maßnahmen zur Bekämpfung des Klimawandels zu ergreifen und sich gegenseitig zu unterstützen. Der Pakt umfasste folgende Hauptpunkte:

1. Klimaziele und Reduktionspläne: Jedes Land verpflichtete sich zu spezifischen Zielen zur Reduzierung von Treibhausgasemissionen und zur Förderung erneuerbarer Energien.

2. Ressourcenteilung: Die Mitgliedsstaaten einigten sich auf die gerechte Verteilung von Ressourcen und Technologien, um den Klimawandel weltweit zu bekämpfen.

3. Forschung und Entwicklung: Ein bedeutender Teil des Pakts war die Förderung gemeinsamer Forschungs- und Entwicklungsprojekte, um innovative Lösungen für die Klimakrise zu finden.

4. Monitoring und Transparenz: Es wurden Mechanismen zur Überwachung und Berichterstattung der Fortschritte eingerichtet, um sicherzustellen, dass alle Mitglieder ihre Verpflichtungen einhielten.

5. Notfallpläne und Krisenmanagement: Der Pakt beinhaltete auch Notfallpläne für extreme Klimakatastrophen und ein Krisenmanagementsystem, um schnell auf Umweltkrisen reagieren zu können.

„Der Global Climate Pact ist ein Meilenstein in unserer Reise", sagte Hartmann bei der Unterzeichnungszeremonie. „Er zeigt, dass die Welt bereit ist, gemeinsam an der Rettung unseres Planeten zu arbeiten."

Die Herausforderungen der Umsetzung des Klimapakts

Trotz des historischen Erfolgs bei der Unterzeichnung des Pakts standen Hartmann und ihr Team vor der Herausforderung, sicherzustellen, dass alle Mitglieder ihre Verpflichtungen einhielten. Die Umsetzung des Klimapakts brachte zahlreiche Hürden mit sich.

„Die Umsetzung des Pakts ist eine weitere Herausforderung", sagte Michael. „Wir müssen sicherstellen, dass alle Länder ihre Verpflichtungen ernst nehmen."

Eine der größten Herausforderungen war die Überwachung und Kontrolle der Emissionsreduktionen. Hartmann und ihr Team entwickelten ein umfassendes Überwachungssystem, das regelmäßige Berichte von den Mitgliedsstaaten einforderte und die Fortschritte überprüfte.

„Wir müssen ein transparentes System schaffen, um die Einhaltung der Ziele zu überwachen", erklärte Lena. „Es ist wichtig, dass alle Länder offen und ehrlich berichten."

Zusätzlich zu den Überwachungsmechanismen richteten sie ein Beratungsgremium ein, das den Mitgliedstaaten bei der Umsetzung der Klimaziele half und technische Hilfe anbot.

Die globale Reaktion auf den Klimapakt

Die Reaktionen auf den „Global Climate Pact" waren überwältigend positiv. Weltweit gab es große Zustimmung zu den gemeinsamen Anstrengungen, den Klimawandel zu bekämpfen und eine nachhaltige Zukunft zu sichern.

„Die Welt hat auf den Klimapakt reagiert", sagte Hartmann. „Die Unterstützung ist ein Zeichen dafür, dass die Menschen bereit sind, gemeinsam zu handeln."

Die Medien berichteten intensiv über den Pakt und lobten die internationale Zusammenarbeit. Viele Menschen sahen den Klimapakt als Hoffnungsschimmer im Kampf gegen die Klimakrise.

„Der Pakt hat die Hoffnung auf eine bessere Zukunft geweckt", sagte Michael. „Die Menschen sind motiviert und engagiert."

Die Erarbeitung eines langfristigen Plans für die Zukunft

Mit dem Klimapakt auf den Weg gebracht, begannen Hartmann und ihr Team, langfristige Pläne für die Zukunft zu entwickeln. Diese Pläne umfassten die Weiterentwicklung der Technologie von Eden, die Expansion des Klimabündnisses und die Schaffung neuer Initiativen für den Umweltschutz.

„Wir müssen über den Klimapakt hinaus denken und langfristige Ziele verfolgen", erklärte Lena. „Unsere Vision ist eine nachhaltige und gerechte Welt für zukünftige Generationen."

Hartmann und ihr Team arbeiteten an einem umfassenden Plan, der die Weiterentwicklung von Eden und die Schaffung neuer Umweltprojekte beinhaltete. Sie suchten nach Wegen, wie die Erfolge des Klimapakts aufrechterhalten und weiter ausgebaut werden konnten.

„Wir sind am Anfang einer neuen Ära", sagte Hartmann. „Wir müssen sicherstellen, dass unsere Erfolge dauerhaft sind."

Kapitel 12: Die Macht der Wissenschaft und Innovation

Die Bedeutung von Forschung und Entwicklung für Eden

Die Weiterentwicklung von Eden war entscheidend für den langfristigen Erfolg des Projekts. Hartmann und ihr Team investierten in Forschung und Entwicklung, um neue Technologien zu erforschen und bestehende Systeme zu verbessern.

„Forschung und Entwicklung sind der Schlüssel zum Fortschritt", sagte Michael bei einem Treffen mit führenden Wissenschaftlern. „Wir müssen ständig nach neuen Lösungen suchen."

Sie gründeten ein Forschungszentrum, das sich auf die Weiterentwicklung der Klimasteuerungstechnologie konzentrierte. Das Zentrum arbeitete an Projekten, die die Effizienz von Eden verbessern und neue Anwendungen für die Technologie entwickeln sollten.

„Unser Ziel ist es, Eden kontinuierlich weiterzuentwickeln und neue Innovationen zu fördern", erklärte Lena. „Wir müssen sicherstellen, dass wir an der Spitze der Technologie bleiben."

Die Förderung von Innovationen durch internationale Kooperation

Ein wesentlicher Teil der Forschung und Entwicklung bestand in der Förderung von Innovationen durch internationale Kooperation. Hartmann und ihr Team arbeiteten eng mit Forschungsinstituten und Universitäten aus der ganzen Welt zusammen.

„Internationale Kooperation ist entscheidend für den Erfolg unserer Forschungsprojekte", sagte Hartmann. „Wir müssen Wissen und Ressourcen teilen, um Fortschritte zu erzielen."

Sie initiierten gemeinsame Forschungsprojekte, die von verschiedenen Ländern unterstützt wurden. Diese Projekte umfassten sowohl Grundlagenforschung als auch angewandte Forschung in Bereichen wie erneuerbare Energien, CO_2-Reduktion und Klimaüberwachung.

„Gemeinsam können wir große Fortschritte machen", sagte Michael. „Internationale Partnerschaften sind ein wichtiger Bestandteil unserer Strategie."

Die Entwicklung neuer Technologien für den Klimaschutz

Ein Fokus der Forschungs- und Entwicklungsarbeit lag auf der Entwicklung neuer Technologien, die den Klimaschutz unterstützen konnten. Hartmann und ihr Team suchten nach innovativen Lösungen, die über die bestehenden Technologien hinausgingen.

„Wir arbeiten an der Entwicklung neuer Technologien, die den Klimawandel bekämpfen können", erklärte Lena. „Es gibt viele Bereiche, in denen wir Fortschritte erzielen können."

Ein bedeutendes Projekt war die Entwicklung einer neuen Generation von Klimaüberwachungsinstrumenten, die präzisere Messungen und Analysen ermöglichten. Diese Instrumente sollten dazu beitragen, die Auswirkungen von Eden auf das Klima genauer zu erfassen und neue Anpassungsstrategien zu entwickeln.

„Unsere neuen Instrumente werden uns helfen, die Wirksamkeit von Eden zu überwachen", sagte Michael. „Sie sind ein wichtiger Schritt in unserer Forschung."

Die Unterstützung von jungen Wissenschaftlern und Forschern

Hartmann und ihr Team erkannten die Bedeutung, junge Wissenschaftler und Forscher zu unterstützen, die neue Perspektiven und Ideen in die Arbeit einbringen konnten.

„Junge Wissenschaftler bringen frische Ideen und neue Ansätze", sagte Lena. „Wir müssen ihnen die Möglichkeit geben, sich zu entfalten und zu wachsen."

Sie etablierten Stipendien und Förderprogramme für junge Talente im Bereich Klimaforschung. Diese Programme sollten sicherstellen, dass die nächste Generation von Wissenschaftlern gut vorbereitet und motiviert war, an der Bewältigung der Klimakrise zu arbeiten.

„Es ist wichtig, dass wir in die nächste Generation investieren", sagte Hartmann. „Sie sind die Zukunft unserer Arbeit."

Die Bedeutung von Bildung und Öffentlichkeitsarbeit

Neben der Forschung und Entwicklung legten Hartmann und ihr Team großen Wert auf Bildung und Öffentlichkeitsarbeit. Sie organisierten Bildungsprogramme und Informationskampagnen, um das Bewusstsein für den Klimawandel und die Rolle von Eden zu stärken.

„Bildung und Öffentlichkeitsarbeit sind entscheidend, um die Menschen für den Klimawandel zu sensibilisieren", sagte Michael. „Wir müssen die Bevölkerung informieren und motivieren."

Die Informationskampagnen umfassten Medienberichterstattung, Bildungsveranstaltungen und Online-Plattformen. Sie zielten darauf ab, ein breites Publikum zu erreichen und das Verständnis für die Herausforderungen und Lösungen im Bereich Klimaschutz zu fördern.

„Wir müssen die Menschen über die Bedeutung von Eden und unsere Ziele aufklären", erklärte Lena. „Nur durch Bildung können wir eine breite Unterstützung für unsere Arbeit gewinnen."

Die Schaffung von Netzwerken für den Klimaschutz

Hartmann und ihr Team arbeiteten daran, Netzwerke für den Klimaschutz zu schaffen, die verschiedene Akteure zusammen brachten. Diese Netzwerke sollten den Austausch von Wissen und Ressourcen fördern und gemeinsame Initiativen unterstützen.

„Netzwerke sind wichtig, um Wissen zu teilen und gemeinsame Ziele zu verfolgen", sagte Hartmann. „Wir müssen Verbindungen schaffen und zusammenarbeiten."

Die Netzwerke umfassten sowohl nationale als auch internationale Akteure und boten eine Plattform für den Austausch von Ideen und Erfahrungen. Sie sollten dazu beitragen, die Effizienz von Klimaschutzmaßnahmen zu erhöhen und neue Kooperationsmöglichkeiten zu schaffen.

„Gemeinsam können wir mehr erreichen", sagte Michael. „Die Netzwerke sind eine Grundlage für zukünftige Erfolge."

Die Vision für die Zukunft der Wissenschaft und Innovation

Abschließend formulierten Hartmann und ihr Team eine Vision für die Zukunft der Wissenschaft und Innovation im Bereich Klimaschutz. Diese Vision beinhaltete die kontinuierliche Suche nach neuen Lösungen und die Förderung einer globalen Zusammenarbeit.

„Unsere Vision ist eine Zukunft, in der Wissenschaft und Innovation eine zentrale Rolle im Kampf gegen den Klimawandel spielen", sagte Lena. „Wir müssen immer nach neuen Wegen suchen und uns weiterentwickeln."

Sie arbeiteten an einer Strategie, die sicherstellen sollte, dass die Forschung und Entwicklung im Bereich Klimaschutz auch in Zukunft fortgeführt und weiterentwickelt würde.

„Wir sind am Anfang eines langfristigen Prozesses", sagte Hartmann. „Unsere Arbeit wird weitergehen und neue Herausforderungen mit sich bringen."

Kapitel 13: Die Entfaltung der globalen Klimainitiativen

Die Ausweitung der Klimainitiativen über Eden hinaus

Mit dem Erfolg von Eden und dem „Global Climate Pact" auf dem Weg, planten Hartmann und ihr Team die Ausweitung der Klimainitiativen auf neue Bereiche. Ziel war es, neben der Technologie von Eden weitere Projekte und Programme zu initiieren, die die globale Klimawende unterstützen konnten.

„Es ist Zeit, unsere Initiativen zu erweitern und neue Projekte zu starten", sagte Michael. „Wir haben die Basis gelegt, jetzt müssen wir weiterdenken."

Sie entwickelten neue Klimainitiativen, die sich auf verschiedene Aspekte des Umweltschutzes konzentrierten. Dazu gehörten Projekte zur Aufforstung, zur Entwicklung nachhaltiger Landwirtschaft und zur Förderung von grüner Energie.

„Unsere neuen Initiativen sollen den Erfolg von Eden ergänzen und erweitern", erklärte Lena. „Wir wollen einen ganzheitlichen Ansatz für den Klimaschutz verfolgen."

Die Förderung von Aufforstungsprojekten weltweit

Eines der Hauptprojekte war die Förderung von Aufforstungsprojekten in verschiedenen Regionen der Welt. Aufforstung sollte dazu beitragen, CO2-Emissionen zu reduzieren, die Biodiversität zu erhöhen und die Umwelt zu schützen.

„Aufforstung ist eine bewährte Methode zur Bekämpfung des Klimawandels", sagte Hartmann. „Wir werden Projekte in den am stärksten betroffenen Regionen unterstützen."

Sie arbeiteten mit lokalen Organisationen und Regierungen zusammen, um Aufforstungsprojekte zu planen und durchzuführen. Diese Projekte umfassten sowohl die Wiederaufforstung von geschädigten Wäldern als auch die Schaffung neuer Waldflächen.

„Wir müssen sicherstellen, dass die Aufforstungsprojekte nachhaltig und effektiv sind", sagte Michael. „Es ist wichtig, dass wir langfristige Erfolge erzielen."

Die Entwicklung nachhaltiger Landwirtschaftsprogramme

Neben der Aufforstung entwickelten sie Programme für nachhaltige Landwirtschaft. Diese Programme sollten dazu beitragen, umweltfreundliche Anbaumethoden zu fördern und den ökologischen Fußabdruck der Landwirtschaft zu reduzieren.

„Nachhaltige Landwirtschaft ist ein wichtiger Bestandteil unserer Klimainitiativen", erklärte Lena. „Wir müssen umweltfreundliche Anbaumethoden fördern und unterstützen."

Sie arbeiteten an Projekten, die den Einsatz von biologischen Düngemitteln, den Schutz von Böden und Gewässern und die Förderung von nachhaltigen Anbaumethoden umfassten.

„Unsere Programme sollen den Landwirten helfen, nachhaltige Praktiken umzusetzen", sagte Hartmann. „Wir bieten Unterstützung und Ressourcen für diese wichtigen Projekte."

Die Förderung von grüner Energie und Energieeffizienz

Ein weiterer Schwerpunkt lag auf der Förderung von grüner Energie und Energieeffizienz. Hartmann und ihr Team setzten sich für die Entwicklung und den Einsatz erneuerbarer Energien und energieeffizienter Technologien ein.

„Grüne Energie ist entscheidend für eine nachhaltige Zukunft", sagte Michael. „Wir müssen den Übergang zu erneuerbaren Energiequellen vorantreiben."

Sie unterstützten Projekte für Solarenergie, Windkraft und Wasserkraft und arbeiteten an Programmen zur Verbesserung der Energieeffizienz in Gebäuden und Industrie.

„Unsere Projekte sollen den Einsatz erneuerbarer Energien fördern und den Energieverbrauch senken", erklärte Lena. „Wir arbeiten an innovativen Lösungen für eine grüne Zukunft."

Die Schaffung von Bildungs- und Sensibilisierungsprogrammen

Um die Bevölkerung für die Bedeutung des Klimaschutzes zu sensibilisieren, entwickelten sie Bildungs- und Sensibilisierungsprogramme. Diese Programme sollten das Bewusstsein für den Klimawandel stärken und die Menschen zu umweltfreundlichem Handeln motivieren.

„Bildung und Sensibilisierung sind essenziell für den Erfolg unserer Initiativen", sagte Hartmann. „Wir müssen die Menschen über die Bedeutung des Klimaschutzes informieren."

Die Programme umfassten Workshops, Schulungen und öffentliche Kampagnen, die auf verschiedenen Medienplattformen durchgeführt wurden.

„Wir müssen kreativ und engagiert sein, um die Menschen zu erreichen", sagte Michael. „Unsere Bildungsangebote sollen inspirierend und informativ sein."

Die Schaffung eines globalen Netzwerks für Klimainitiativen

Zur Unterstützung der neuen Klimainitiativen schufen Hartmann und ihr Team ein globales Netzwerk von Organisationen und Einzelpersonen, die sich für den Klimaschutz engagierten.

„Ein starkes Netzwerk ist wichtig für den Erfolg unserer Initiativen", erklärte Lena. „Wir müssen Verbindungen schaffen und gemeinsame Projekte unterstützen."

Das Netzwerk umfasste Umweltorganisationen, wissenschaftliche Institutionen, Regierungsbehörden und Unternehmen, die sich gemeinsam für den Klimaschutz einsetzten.

„Gemeinsam können wir große Erfolge erzielen", sagte Hartmann. „Das Netzwerk ist eine Plattform für Zusammenarbeit und Austausch."

Die Evaluierung und Weiterentwicklung der Klimainitiativen

Hartmann und ihr Team führten regelmäßig Evaluierungen der Klimainitiativen durch, um deren Wirksamkeit zu überprüfen und Verbesserungen vorzunehmen.

„Wir müssen unsere Projekte regelmäßig evaluieren", sagte Michael. „Nur so können wir sicherstellen, dass wir auf dem richtigen Weg sind."

Die Evaluierungen beinhalteten die Überprüfung von Fortschritten, das Sammeln von Feedback und die Anpassung der Projekte basierend auf den Ergebnissen.

„Wir lernen aus unseren Erfahrungen und verbessern unsere Initiativen kontinuierlich", sagte Lena. „Es ist ein fortlaufender Prozess."

Die Vision für eine klimafreundliche Zukunft

Abschließend formulierten Hartmann und ihr Team eine Vision für eine klimafreundliche Zukunft, die auf den Erfolgen der neuen Klimainitiativen aufbaute.

„Unsere Vision ist eine Welt, in der der Klimaschutz eine zentrale Rolle spielt", sagte Hartmann. „Wir haben die Grundlagen für eine nachhaltige Zukunft geschaffen."

Sie arbeiteten an langfristigen Zielen und Strategien, um sicherzustellen, dass ihre Klimainitiativen auch in Zukunft erfolgreich bleiben würden.

„Wir sind auf einem guten Weg", sagte Michael. „Unsere Arbeit wird weitergehen und neue Chancen schaffen."

Kapitel 14: Die politischen und sozialen Reaktionen auf den Klimapakt

Die politischen Reaktionen auf die globale Klimapolitik

Der „Global Climate Pact" stieß auf vielfältige politische Reaktionen. Während viele Staaten und Organisationen den Pakt begrüßten, gab es auch Widerstand und Bedenken.

„Die Reaktionen auf den Klimapakt sind gemischt", sagte Hartmann bei einer Sitzung des internationalen Beratungsgremiums. „Wir müssen auf die unterschiedlichen Stimmen hören und darauf reagieren."

Einige Politiker unterstützten den Pakt voll und ganz, während andere Bedenken äußerten. Diese Bedenken reichten von Fragen zur finanziellen Belastung bis hin zu Fragen der nationalen Souveränität.

„Wir müssen die Bedenken ernst nehmen und Lösungen anbieten", erklärte Michael. „Es ist wichtig, dass wir alle Perspektiven berücksichtigen."

Die sozialen Reaktionen und der öffentliche Diskurs

Der öffentliche Diskurs über den „Global Climate Pact" war lebhaft. In den Medien und sozialen Netzwerken wurden die Ziele des Pakts diskutiert, und es entstanden unterschiedliche Meinungen und Debatten.

„Der öffentliche Diskurs ist ein Zeichen für das Interesse an unserem Projekt", sagte Lena. „Wir müssen aktiv an den Diskussionen teilnehmen."

Die Medien berichteten über die Erfolge und Herausforderungen des Pakts und boten eine Plattform für die öffentliche Diskussion. Dies führte zu einer breiten Auseinandersetzung mit den Themen Klimaschutz und internationale Zusammenarbeit.

„Wir müssen offen und transparent kommunizieren", sagte Hartmann. „Es ist wichtig, dass wir die Menschen über unsere Ziele und Fortschritte informieren."

Die Auseinandersetzung mit Kritikern und Gegnern

Neben der Unterstützung sah sich das Team auch Kritikern und Gegnern gegenüber, die den Klimapakt ablehnten oder die Notwendigkeit des Projekts infrage stellten.

„Kritik ist ein Teil des Prozesses", sagte Michael. „Wir müssen konstruktiv mit Kritikern umgehen und ihre Bedenken ernst nehmen."

Hartmann und ihr Team führten öffentliche Foren und Diskussionen, um auf die Kritik einzugehen und ihre Position zu erklären. Sie beantworteten Fragen, erläuterten die Ziele des Pakts und zeigten die positiven Auswirkungen des Projekts auf.

„Wir müssen zeigen, dass unser Ansatz wirksam und gerecht ist", sagte Lena. „Es ist wichtig, dass wir transparent und nachvollziehbar arbeiten."

Die Schaffung von Partnerschaften zur Unterstützung des Klimapakts

Um die Unterstützung für den Klimapakt zu stärken, suchten Hartmann und ihr Team nach Partnerschaften mit Organisationen und Institutionen, die die Ziele des Pakts teilten.

„Partnerschaften sind entscheidend für den Erfolg des Pakts", sagte Hartmann. „Wir müssen Verbindungen zu Unterstützern und Befürwortern aufbauen."

Sie arbeiteten daran, Allianzen mit Umweltorganisationen, wissenschaftlichen Einrichtungen und Wirtschaftsunternehmen zu schmieden.

Diese Partnerschaften sollten dazu beitragen, die Ziele des Klimapakts zu fördern und neue Initiativen zu unterstützen.

„Gemeinsam können wir mehr erreichen", sagte Michael. „Partnerschaften erweitern unsere Reichweite und Ressourcen."

Die Rolle der Bildung in der gesellschaftlichen Akzeptanz des Klimapakts

Bildung spielte eine zentrale Rolle bei der Förderung der gesellschaftlichen Akzeptanz des Klimapakts. Hartmann und ihr Team entwickelten Programme und Materialien, die das Verständnis für den Klimawandel und die Notwendigkeit des Pakts stärkten.

„Bildung ist ein Schlüssel zur gesellschaftlichen Akzeptanz", erklärte Lena. „Wir müssen die Menschen über die Bedeutung des Klimaschutzes aufklären."

Sie erstellten Bildungsressourcen, organisierten Workshops und arbeiteten mit Schulen und Universitäten zusammen, um das Bewusstsein für den Klimawandel zu fördern.

„Unsere Bildungsangebote sollen informativ und motivierend sein", sagte Hartmann. „Wir möchten die Menschen inspirieren und zu Handlungen anregen."

Die Entwicklung von Kommunikationsstrategien für den Klimaschutz

Um die Ziele des Klimapakts effektiv zu kommunizieren, entwickelten Hartmann und ihr Team umfassende Kommunikationsstrategien.

„Kommunikationsstrategien sind wichtig für die Verbreitung unserer Botschaften", sagte Michael. „Wir müssen sicherstellen, dass unsere Kommunikation klar und wirkungsvoll ist."

Die Strategien umfassten Medienarbeit, soziale Netzwerke und direkte Kommunikation mit Stakeholdern. Sie sollten sicherstellen, dass die Botschaften des Klimapakts klar und überzeugend vermittelt wurden.

„Wir müssen kreativ und strategisch vorgehen", erklärte Lena. „Unsere Kommunikationsstrategien sollen unsere Ziele unterstützen und das Interesse der Öffentlichkeit wecken."

Die Reflexion über die politischen und sozialen Aspekte des Klimapakts

Hartmann und ihr Team reflektierten über die politischen und sozialen Aspekte des Klimapakts und überlegten, wie sie die Reaktionen und Herausforderungen in der Zukunft bewältigen könnten.

„Wir haben viel gelernt", sagte Hartmann. „Es ist wichtig, dass wir aus unseren Erfahrungen lernen und uns weiterentwickeln."

Sie analysierten die politischen und sozialen Reaktionen auf den Klimapakt und entwickelten Strategien für zukünftige Herausforderungen. Ihre Reflexionen sollten als Grundlage für die weitere Arbeit an der Umsetzung der Klimaziele dienen.

„Unsere Erfahrungen werden uns in der Zukunft leiten", sagte Michael. „Wir sind gut vorbereitet für die nächsten Schritte."

Die Vision für eine globale Klimagemeinschaft

Abschließend formulierten Hartmann und ihr Team eine Vision für eine globale Klimagemeinschaft, die durch den Klimapakt und die internationalen Kooperationen geformt werden sollte.

„Unsere Vision ist eine Welt, in der Klimaschutz eine gemeinsame Verantwortung ist", sagte Lena. „Wir arbeiten an einer Zukunft, in der alle Länder und Menschen gemeinsam an der Rettung unseres Planeten arbeiten."

Sie arbeiteten an Ideen und Projekten, die das Erbe des Klimapakts bewahren und weiterentwickeln sollten.

„Wir haben eine starke Basis geschaffen", sagte Hartmann. „Wir müssen sicherstellen, dass unser Erbe erhalten bleibt und weiter wächst."

Kapitel 15: Die Auswirkungen von Eden auf die globale Umwelt

Die Analyse der ökologischen Erfolge von Eden

Mit dem Fortschritt des Projekts wurde es Zeit, die ökologischen Erfolge von Eden zu analysieren. Hartmann und ihr Team führten umfassende Studien durch, um die Auswirkungen der Technologie auf die Umwelt zu bewerten.

„Es ist wichtig, die Erfolge von Eden zu dokumentieren und zu analysieren", sagte Michael. „Wir müssen die ökologischen Vorteile messen und verstehen."

Die Analysen umfassten Studien zu den Veränderungen im Klima, der Luftqualität und der Biodiversität in den Regionen, in denen Eden implementiert war. Die Ergebnisse zeigten positive Entwicklungen, die die Wirksamkeit der Technologie belegten.

„Unsere Analysen zeigen, dass Eden einen signifikanten Beitrag zur Verbesserung des Klimas geleistet hat", sagte Lena. „Die Ergebnisse sind ermutigend."

Die Messung der Fortschritte bei der CO2-Reduktion

Ein zentraler Aspekt der ökologischen Erfolge war die Messung der Fortschritte bei der Reduzierung von CO2-Emissionen. Hartmann und ihr Team entwickelten spezifische Indikatoren und Werkzeuge, um die Wirksamkeit von Eden in diesem Bereich zu bewerten.

„Die Reduktion von CO2-Emissionen ist ein wichtiger Indikator für den Erfolg von Eden", erklärte Michael. „Wir müssen genaue Messungen und Bewertungen durchführen."

Die Studien zeigten, dass Eden erheblich zur Reduzierung der CO2-Emissionen beigetragen hatte, was als einer der größten Erfolge des Projekts angesehen wurde.

„Unsere Maßnahmen haben die CO2-Emissionen deutlich gesenkt", sagte Hartmann. „Das ist ein großer Erfolg für unser Projekt."

Die Bewertung der Verbesserungen der Luft- und Wasserqualität

Neben der CO2-Reduktion bewerteten Hartmann und ihr Team auch die Verbesserungen der Luft- und Wasserqualität in den betroffenen Regionen.

„Wir haben auch die Luft- und Wasserqualität analysiert", sagte Lena. „Unsere Ergebnisse zeigen, dass Eden auch in diesen Bereichen positive Auswirkungen hatte."

Die Bewertungen zeigten Verbesserungen in der Luftqualität, die durch eine Verringerung der Schadstoffemissionen und die Einführung neuer Technologien erreicht wurden.

„Die Luft- und Wasserqualität hat sich durch Eden verbessert", erklärte Michael. „Unsere Technologie hat nicht nur das Klima beeinflusst, sondern auch die Umweltbedingungen verbessert."

Die Beobachtung der Auswirkungen auf die Biodiversität

Ein weiterer wichtiger Aspekt war die Beobachtung der Auswirkungen von Eden auf die Biodiversität. Hartmann und ihr Team untersuchten, wie die Technologie die Tier- und Pflanzenwelt in den betroffenen Regionen beeinflusst hatte.

„Wir haben die Biodiversität in den Regionen untersucht, in denen Eden implementiert wurde", sagte Lena. „Die Ergebnisse zeigen, dass unsere Technologie positive Effekte auf die Umwelt hat."

Die Studien zeigten, dass Eden zur Wiederherstellung von Lebensräumen und zur Förderung der Biodiversität beigetragen hatte. Dies wurde als ein wesentlicher Erfolg des Projekts angesehen.

„Eden hat zur Erhaltung und Förderung der Biodiversität beigetragen", sagte Hartmann. „Das ist ein wichtiger Aspekt unserer Arbeit."

Die Bewertung der langfristigen Nachhaltigkeit von Eden

Die langfristige Nachhaltigkeit von Eden war ein weiteres wichtiges Thema. Hartmann und ihr Team entwickelten Pläne und Strategien, um sicherzustellen, dass die positiven Effekte von Eden langfristig erhalten blieben.

„Nachhaltigkeit ist entscheidend für den langfristigen Erfolg von Eden", erklärte Michael. „Wir müssen sicherstellen, dass unsere Technologie auch in Zukunft wirksam bleibt."

Sie entwickelten Maßnahmen zur langfristigen Wartung und Weiterentwicklung der Eden-Technologie und arbeiteten an Strategien für zukünftige Herausforderungen.

„Wir haben eine langfristige Strategie entwickelt, um die Nachhaltigkeit von Eden zu gewährleisten", sagte Lena. „Unsere Pläne umfassen regelmäßige Wartung und Anpassung der Technologie."

Die Dokumentation der Erfolge und Herausforderungen von Eden

Hartmann und ihr Team dokumentierten die Erfolge und Herausforderungen von Eden, um aus ihren Erfahrungen zu lernen und zukünftige Projekte zu verbessern.

„Wir haben unsere Erfolge und Herausforderungen dokumentiert", sagte Hartmann. „Diese Dokumentation wird eine wertvolle Ressource für zukünftige Projekte sein."

Die Dokumentation umfasste Berichte, Fallstudien und Analysen, die die Ergebnisse von Eden und die Erfahrungen des Teams festhielten.

„Unsere Dokumentation wird anderen helfen, von unseren Erfahrungen zu lernen", sagte Michael. „Es ist wichtig, dass wir unsere Erkenntnisse weitergeben."

Die Kommunikation der Erfolge von Eden an die Öffentlichkeit

Um das Bewusstsein für die Erfolge von Eden zu stärken, entwickelten Hartmann und ihr Team eine Kommunikationsstrategie, die die positiven Ergebnisse des Projekts an die Öffentlichkeit vermittelte.

„Wir müssen die Erfolge von Eden kommunizieren", erklärte Lena. „Es ist wichtig, dass die Menschen von unseren Fortschritten erfahren."

Die Kommunikationsstrategie umfasste Pressemitteilungen, Berichte und öffentliche Veranstaltungen, die die Erfolge von Eden hervorhoben und das Interesse der Öffentlichkeit weckten.

„Unsere Kommunikationsstrategie soll die Erfolge von Eden zeigen und die Menschen inspirieren", sagte Hartmann. „Wir möchten die positiven Ergebnisse verbreiten."

Die Vision für die Zukunft von Eden und der globalen Umwelt

Abschließend formulierten Hartmann und ihr Team eine Vision für die Zukunft von Eden und der globalen Umwelt. Diese Vision sollte die Grundlagen für zukünftige Entwicklungen und Projekte im Bereich Klimaschutz legen.

„Unsere Vision für die Zukunft ist eine Welt, in der Eden und andere Klimaschutztechnologien eine zentrale Rolle spielen", sagte Michael. „Wir haben die Grundlage für eine nachhaltige Zukunft geschaffen."

Sie entwickelten langfristige Ziele und Strategien, um sicherzustellen, dass die Erfolge von Eden fortgeführt und weiterentwickelt werden konnten.

„Unsere Arbeit ist noch lange nicht abgeschlossen", sagte Lena. „Wir werden weiterhin an der Verbesserung der globalen Umwelt arbeiten."

Kapitel 16: Die nächsten Schritte für die Zukunft des Klimaschutzes

Die Entwicklung neuer Technologien für den Klimaschutz

Mit dem Erfolg von Eden und dem „Global Climate Pact" als solide Grundlage begann Hartmann mit ihrem Team, neue Technologien für den Klimaschutz zu erforschen und zu entwickeln. Der Erfolg des Projekts hatte gezeigt, dass innovative Ansätze möglich waren und dass Wissenschaft und Technologie gemeinsam an der Rettung des Planeten arbeiten konnten.

„Wir stehen am Anfang einer neuen Ära im Klimaschutz", sagte Hartmann in einem Meeting mit ihren Ingenieuren und Wissenschaftlern. „Die Technologien, die wir entwickeln, müssen noch fortschrittlicher und effektiver sein als alles, was wir bisher gemacht haben."

Das Team konzentrierte sich auf mehrere Schlüsselbereiche: Verbesserung der Energieeffizienz, Entwicklung neuer erneuerbarer Energiequellen und innovative CO_2-Reduktionstechnologien. Eine der Ideen war die Entwicklung von Direct Air Capture (DAC) Technologien, die CO_2 direkt aus der Luft filtern sollten. Diese Technologien sollten die Kapazitäten von Eden erweitern und neue Möglichkeiten zur CO_2-Reduktion bieten.

„Direct Air Capture könnte die nächste große Welle im Klimaschutz sein", erklärte Michael. „Wir müssen die Möglichkeiten erforschen und prüfen, wie wir diese Technologien skalieren können."

Das Team begann mit der Planung und dem Bau von Prototypen für verschiedene Technologien. Sie testeten neue Materialien, verbesserten bestehende Designs und arbeiteten eng mit internationalen Partnern zusammen, um die neuesten wissenschaftlichen Erkenntnisse zu integrieren.

„Wir müssen innovativ denken und über den Tellerrand hinausblicken", sagte Lena. „Die Zukunft des Klimaschutzes erfordert kreative und mutige Ansätze."

Die Förderung von internationaler Zusammenarbeit im Klimaschutz

Ein zentrales Anliegen von Hartmann war die Förderung internationaler Zusammenarbeit im Klimaschutz. Sie wusste, dass große Umweltprobleme nur durch gemeinsame Anstrengungen gelöst werden konnten.

„Globale Probleme erfordern globale Lösungen", sagte Hartmann. „Wir müssen die Partnerschaften mit Regierungen, Unternehmen und NGOs weltweit ausbauen."

Sie organisierte internationale Klimagipfel und Foren, um den Austausch von Ideen und Best Practices zu fördern. Diese Veranstaltungen brachten Experten aus verschiedenen Ländern zusammen, um über erfolgreiche Klimaschutzstrategien zu diskutieren und neue Initiativen zu planen.

„Diese Gipfel sind eine Plattform für Zusammenarbeit", erklärte Michael. „Wir können von den Erfolgen anderer lernen und gemeinsame Projekte initiieren."

Durch die internationalen Partnerschaften konnte das Team neue Ressourcen und Perspektiven gewinnen, die den Erfolg ihrer Projekte unterstützten. Sie entwickelten gemeinsame Forschungsprojekte, die sich auf globale Klimafragen konzentrierten und halfen dabei, ein Netzwerk von Klimaschutzexperten und -organisationen aufzubauen.

„Gemeinsam können wir mehr erreichen", sagte Lena. „Unsere internationalen Partner sind ein wertvoller Teil unserer Strategie für die Zukunft des Klimaschutzes."

Die Unterstützung von Bildungs- und Sensibilisierungsprogrammen für den Klimaschutz

Bildung war ein weiterer Schwerpunkt für Hartmann. Sie glaubte, dass der Erfolg des Klimaschutzes von einer breiten gesellschaftlichen Unterstützung abhing.

„Bildung ist der Schlüssel zu langfristigem Klimaschutz", sagte Hartmann. „Wir müssen die Menschen über die Auswirkungen des Klimawandels aufklären und sie zu umweltbewusstem Handeln motivieren."

Hartmann und ihr Team entwickelten eine Reihe von Bildungsprogrammen, die sich an verschiedene Altersgruppen und Zielgruppen richteten. Dazu gehörten Schulmaterialien für Kinder, Weiterbildungsangebote für Erwachsene und Informationskampagnen in den Medien.

„Unsere Programme sollen nicht nur informieren, sondern auch inspirieren", erklärte Michael. „Wir möchten, dass die Menschen erkennen, dass sie Teil der Lösung sein können."

Sie arbeiteten mit Schulen, Universitäten und lokalen Gemeinden zusammen, um Workshops und Schulungen anzubieten. Diese Programme sollten das Bewusstsein für den Klimawandel schärfen und die Menschen zu umweltfreundlichem Verhalten anregen.

„Wir möchten eine Generation von umweltbewussten Bürgern heranwachsen sehen", sagte Lena. „Unsere Bildungsangebote sind ein Schritt in diese Richtung."

Die Weiterentwicklung der globalen Klimainitiativen

Mit dem Erfolg von Eden im Rücken begann Hartmann, bestehende Klimainitiativen weiterzuentwickeln und neue Projekte zu starten.

„Unsere Initiativen haben bereits viel erreicht, aber es gibt noch viel mehr zu tun", sagte Hartmann. „Wir müssen unsere Projekte kontinuierlich weiterentwickeln und neue Herausforderungen angehen."

Das Team arbeitete an der Verbesserung bestehender Klimaschutzmaßnahmen und entwickelte Konzepte für neue Initiativen. Dazu gehörten Projekte zur Wiederaufforstung, zur Förderung erneuerbarer Energien und zur Unterstützung nachhaltiger Städte.

„Wir haben viele Ideen für die Zukunft", sagte Michael. „Wir werden diese Ideen umsetzen und neue Wege finden, um den Klimaschutz voranzutreiben."

Sie entwickelten neue Projektpläne und setzten sich Ziele für zukünftige Klimainitiativen. Die Initiativen sollten auf den Erkenntnissen aus Eden basieren und neue Wege für den Klimaschutz eröffnen.

„Unsere Vision für die Zukunft umfasst zahlreiche Projekte und Initiativen", erklärte Lena. „Wir möchten sicherstellen, dass unser Erfolg weiter wächst."

Die Förderung von Forschung und Entwicklung im Bereich Klimaschutz

Die Förderung von Forschung und Entwicklung war ein wesentlicher Bestandteil der Strategie für die Zukunft des Klimaschutzes. Hartmann und ihr Team investierten in neue Forschungsprojekte und unterstützten wissenschaftliche Einrichtungen bei ihren Arbeiten.

„Forschung ist die Grundlage für zukünftige Fortschritte im Klimaschutz", sagte Hartmann. „Wir müssen neue wissenschaftliche Erkenntnisse fördern und innovative Ideen unterstützen."

Sie finanzierten Forschungsprojekte, die sich auf die neuesten Technologien und wissenschaftlichen Fragestellungen im Klimaschutz konzentrierten. Dazu gehörten Projekte zur Verbesserung von CO_2-Speichertechnologien, zur Entwicklung effizienter Solarenergie-Systeme und zur Erforschung neuer Möglichkeiten zur Reduktion von Treibhausgasen.

„Wir arbeiten eng mit Forschungseinrichtungen und Universitäten zusammen", erklärte Michael. „Gemeinsam können wir neue Lösungen für den Klimaschutz entwickeln."

Sie unterstützten auch junge Wissenschaftler und Forscher, die innovative Ideen und Ansätze im Bereich Klimaschutz verfolgten.

„Wir möchten junge Talente fördern und ihnen die Möglichkeit geben, ihre Ideen zu verwirklichen", sagte Lena. „Die nächste Generation von Wissenschaftlern wird eine entscheidende Rolle in unserem Klimaschutz spielen."

Die Schaffung eines Erbes für den Klimaschutz

Abschließend plante Hartmann die Schaffung eines Erbes für den Klimaschutz, das die Erfolge von Eden und dem „Global Climate Pact" bewahren und weiterentwickeln sollte.

„Unser Ziel ist es, ein nachhaltiges Erbe zu hinterlassen", sagte Hartmann. „Wir möchten, dass unsere Arbeit langfristige Auswirkungen auf den Klimaschutz hat."

Sie entwickelten Konzepte für die Dokumentation der Erfolge und Herausforderungen von Eden und für die Weitergabe ihrer Erfahrungen an zukünftige Generationen. Dazu gehörten Bücher, Forschungsberichte und Dokumentarfilme über das Projekt.

„Unser Erbe soll zukünftige Generationen inspirieren und motivieren", sagte Michael. „Wir möchten, dass unser Projekt als Beispiel für erfolgreichen Klimaschutz dient."

Sie organisierten auch öffentliche Veranstaltungen und Vorträge, um die Ergebnisse ihrer Arbeit zu teilen und das Bewusstsein für den Klimaschutz zu stärken.

„Wir möchten unsere Erfahrungen weitergeben und andere dazu ermutigen, sich für den Klimaschutz einzusetzen", sagte Lena. „Unser Erbe soll eine Botschaft des Wandels und der Hoffnung sein."

Die Vision für eine nachhaltige Zukunft

Abschließend formulierte Hartmann eine Vision für eine nachhaltige Zukunft, die auf den Erfolgen von Eden und dem „Global Climate Pact" aufbaute.

„Unsere Vision ist eine Welt, in der Klimaschutz und Nachhaltigkeit zentrale Werte sind", sagte Hartmann. „Wir haben die Grundlage für eine bessere Zukunft geschaffen, und es liegt an uns, diese Vision zu verwirklichen."

Sie setzten sich langfristige Ziele und entwickelten Strategien, um sicherzustellen, dass die Fortschritte im Klimaschutz fortgeführt und weiterentwickelt wurden.

„Unsere Vision ist eine Welt im Wandel", sagte Michael. „Wir möchten eine Zukunft schaffen, in der Menschen und Umwelt in Harmonie leben."

Sie arbeiteten an Projekten und Initiativen, die dazu beitragen sollten, diese Vision zu verwirklichen und eine nachhaltige Zukunft für den Planeten zu sichern.

„Wir stehen am Anfang einer neuen Ära im Klimaschutz", sagte Lena. „Es liegt an uns, die Welt zu einem besseren Ort zu machen."

Kapitel 17: Die gesellschaftliche Resonanz auf den „Global Climate Pact"

Die Reaktionen der Bevölkerung auf die Erfolge von Eden

Die Erfolge von Eden und dem „Global Climate Pact" stießen auf eine breite Resonanz in der Bevölkerung. Menschen aus allen Teilen der Welt nahmen Anteil an den Fortschritten und zeigten großes Interesse an den Ergebnissen des Projekts.

„Die Menschen sind begeistert von den Erfolgen von Eden", sagte Hartmann bei einem Treffen mit ihren PR-Spezialisten. „Wir müssen sicherstellen, dass wir diese Begeisterung nutzen und weitergeben."

Die Medien berichteten ausführlich über die Erfolge von Eden, und es gab zahlreiche Interviews und Berichte über die positiven Auswirkungen des Projekts. Die Öffentlichkeit zeigte großes Interesse an den technologischen Innovationen und den Ergebnissen der Klimaforschung.

„Die Medienberichterstattung ist überwältigend", sagte Michael. „Wir müssen sicherstellen, dass unsere Botschaften klar und effektiv kommuniziert werden."

Das Team nutzte die Medienpräsenz, um die Erfolge von Eden hervorzuheben und die Menschen zu ermutigen, sich aktiv für den Klimaschutz einzusetzen.

„Wir müssen die Öffentlichkeit weiter einbeziehen und das Bewusstsein für den Klimaschutz stärken", sagte Lena. „Es ist wichtig, dass die Menschen verstehen, wie sie selbst zur Rettung des Planeten beitragen können."

Die Rolle der Medien bei der Verbreitung der Klimaschutzbotschaft

Die Medien spielten eine entscheidende Rolle bei der Verbreitung der Klimaschutzbotschaft und der Kommunikation der Erfolge von Eden.

„Die Medien sind ein wichtiges Werkzeug für den Klimaschutz", sagte Hartmann. „Wir müssen sicherstellen, dass wir die Medien nutzen, um unsere Botschaften zu verbreiten."

Sie arbeiteten eng mit Journalisten und Medienvertretern zusammen, um sicherzustellen, dass die positiven Entwicklungen von Eden in der Öffentlichkeit bekannt wurden.

„Wir haben eine große Chance, die Menschen zu inspirieren", erklärte Michael. „Wir müssen diese Chance nutzen und die Medienarbeit strategisch planen."

Durch gezielte Medienkampagnen und Veranstaltungen erreichte das Team ein breites Publikum und motivierte viele Menschen, sich für den Klimaschutz einzusetzen.

„Wir möchten eine Welle des Engagements für den Klimaschutz erzeugen", sagte Lena. „Die Medien können dabei helfen, eine globale Bewegung zu fördern."

Die Bedeutung von Bildung und Aufklärung für den Klimaschutz

Bildung und Aufklärung waren zentrale Themen im Rahmen des „Global Climate Pact". Hartmann und ihr Team setzten sich dafür ein, dass Bildungseinrichtungen und öffentliche Informationskampagnen eine zentrale Rolle im Klimaschutz einnahmen.

„Bildung ist der Schlüssel zu einem nachhaltigen Wandel", sagte Hartmann. „Wir müssen sicherstellen, dass Menschen aller Altersgruppen die notwendigen Kenntnisse und Fähigkeiten für den Klimaschutz erwerben."

Sie unterstützten Bildungsprogramme und Aufklärungskampagnen, die darauf abzielten, das Bewusstsein für den Klimawandel zu stärken und umweltfreundliches Verhalten zu fördern.

„Unsere Bildungsinitiativen sollen inspirierend und informativ sein", erklärte Michael. „Wir möchten Menschen dazu ermutigen, sich für den Klimaschutz einzusetzen und aktiv zu werden."

Die Programme umfassten Workshops, Schulungen und Informationsveranstaltungen, die auf verschiedenen Ebenen der Gesellschaft stattfanden.

„Wir möchten eine breite Basis für den Klimaschutz schaffen", sagte Lena. „Unsere Bildungsangebote sind ein wichtiger Bestandteil dieser Strategie."

Die Stärkung des gesellschaftlichen Engagements für den Klimaschutz

Ein weiterer Schwerpunkt lag auf der Stärkung des gesellschaftlichen Engagements für den Klimaschutz. Hartmann und ihr Team entwickelten Strategien, um die Menschen zu motivieren, sich aktiv für den Klimaschutz einzusetzen.

„Gesellschaftliches Engagement ist entscheidend für den Erfolg des Klimaschutzes", sagte Hartmann. „Wir müssen Wege finden, die Menschen zu ermutigen, sich aktiv einzubringen."

Sie initiierten Kampagnen und Projekte, die darauf abzielten, das Engagement der Bevölkerung zu fördern. Dazu gehörten Freiwilligenprojekte, Spendenaktionen und lokale Umweltinitiativen.

„Wir möchten, dass sich möglichst viele Menschen für den Klimaschutz engagieren", erklärte Michael. „Jeder Beitrag zählt und kann einen Unterschied machen."

Die Kampagnen sollten das Bewusstsein für den Klimawandel schärfen und den Menschen die Möglichkeit geben, sich für Umweltprojekte einzusetzen.

„Unser Ziel ist es, eine breite Bewegung für den Klimaschutz zu schaffen", sagte Lena. „Wir möchten, dass die Menschen sehen, dass sie selbst etwas bewirken können."

Die langfristige Vision für eine nachhaltige Gesellschaft

Abschließend formulierten Hartmann und ihr Team eine langfristige Vision für eine nachhaltige Gesellschaft, die auf den Erfolgen von Eden basierte.

„Unsere Vision ist eine Welt, in der Nachhaltigkeit und Umweltschutz zentrale Werte sind", sagte Hartmann. „Wir möchten eine Zukunft schaffen, in der Menschen und Umwelt in Harmonie leben."

Sie entwickelten Konzepte und Strategien für eine nachhaltige Zukunft, die auf den Erkenntnissen aus Eden aufbauten und neue Wege für den Klimaschutz eröffneten.

„Unsere Vision ist eine Welt im Wandel", sagte Michael. „Wir möchten eine Zukunft schaffen, in der Klimaschutz und Nachhaltigkeit selbstverständlich sind."

Sie arbeiteten an der Umsetzung dieser Vision und suchten nach Möglichkeiten, die langfristigen Ziele des Klimaschutzes zu erreichen.

„Es liegt an uns, eine nachhaltige Zukunft zu gestalten", sagte Lena. „Unsere Arbeit ist noch lange nicht abgeschlossen."

Kapitel 18: Die Implementierung der neuen Technologien

Der Aufbau von Pilotprojekten für innovative Klimaschutztechnologien

Nach der Entwicklung neuer Technologien für den Klimaschutz begann das Team unter der Leitung von Hartmann, Pilotprojekte für die innovativen Technologien aufzubauen. Diese Pilotprojekte sollten die neuen Technologien testen und deren Wirksamkeit in der Praxis überprüfen.

„Pilotprojekte sind entscheidend, um unsere Technologien auf den Prüfstand zu stellen", sagte Hartmann bei einem Treffen mit dem Projektteam. „Wir müssen sicherstellen, dass unsere Konzepte funktionieren und in der Praxis umsetzbar sind."

Die Pilotprojekte wurden in verschiedenen Regionen der Welt durchgeführt, um unterschiedliche klimatische Bedingungen und geografische Gegebenheiten zu berücksichtigen. Dies ermöglichte es, die Technologien unter realistischen Bedingungen zu testen und mögliche Verbesserungen zu identifizieren.

„Wir haben verschiedene Standorte ausgewählt, um unsere Technologien umfassend zu testen", erklärte Michael. „Jeder Standort bietet einzigartige Herausforderungen und Chancen."

Die Evaluierung der Pilotprojekte und die Optimierung der Technologien

Nach der Durchführung der Pilotprojekte begann das Team mit der Evaluierung der Ergebnisse und der Optimierung der Technologien. Sie analysierten die Daten aus den Tests und identifizierten Bereiche, in denen Verbesserungen notwendig waren.

„Die Evaluierung der Pilotprojekte ist ein wichtiger Schritt, um unsere Technologien weiterzuentwickeln", sagte Hartmann. „Wir müssen die Ergebnisse genau analysieren und Optimierungen vornehmen."

Das Team arbeitete eng mit den Projektpartnern und Stakeholdern zusammen, um die Ergebnisse der Pilotprojekte zu bewerten und Empfehlungen für die Weiterentwicklung der Technologien zu erarbeiten.

„Wir müssen sicherstellen, dass unsere Technologien den höchsten Standards entsprechen", erklärte Michael. „Nur so können wir den Klimaschutz vorantreiben und echte Fortschritte erzielen."

Die Skalierung erfolgreicher Technologien auf globaler Ebene

Nachdem die Technologien erfolgreich getestet und optimiert wurden, begann das Team mit der Skalierung der Technologien auf globaler Ebene. Ziel war es, die erfolgreichen Technologien in größerem Maßstab einzusetzen und die positiven Effekte auf den Klimaschutz zu maximieren.

„Die Skalierung unserer Technologien ist der nächste große Schritt", sagte Hartmann. „Wir müssen sicherstellen, dass wir unsere Erfolge auf globaler Ebene umsetzen können."

Sie entwickelten Pläne für die großflächige Einführung der Technologien und arbeiteten mit internationalen Partnern zusammen, um die Technologien weltweit zu verbreiten.

„Wir haben die Chance, globale Veränderungen zu bewirken", erklärte Michael. „Wir müssen diese Chance nutzen und unsere Technologien weltweit einführen."

Die Förderung internationaler Partnerschaften für die Verbreitung der Technologien

Ein zentraler Aspekt der Skalierung war die Förderung internationaler Partnerschaften, um die Verbreitung der Technologien zu unterstützen. Hartmann und ihr Team suchten nach Partnern in verschiedenen Ländern, die bereit waren, die neuen Technologien einzuführen und weiterzuentwickeln.

„Internationale Partnerschaften sind entscheidend für den Erfolg unserer Technologien", sagte Hartmann. „Wir müssen Partner finden, die uns bei der Einführung und Verbreitung unterstützen."

Sie organisierten internationale Konferenzen und Verhandlungen, um Partnerschaften zu schließen und die Technologien in verschiedenen Ländern zu etablieren.

„Unsere Partnerschaften werden dazu beitragen, unsere Technologien weltweit bekannt zu machen", erklärte Michael. „Gemeinsam können wir den Klimaschutz vorantreiben."

Die Integration der Technologien in bestehende Klimaschutzstrategien

Die neuen Technologien wurden in bestehende Klimaschutzstrategien integriert, um die Gesamteffizienz der Klimaschutzmaßnahmen zu verbessern. Hartmann und ihr Team arbeiteten daran, die neuen Technologien mit bestehenden Initiativen zu kombinieren und Synergien zu schaffen.

„Die Integration unserer Technologien in bestehende Strategien ist ein wichtiger Schritt", sagte Hartmann. „Wir müssen sicherstellen, dass wir unsere Technologien optimal nutzen und mit anderen Klimaschutzmaßnahmen kombinieren."

Sie entwickelten Konzepte für die Integration der Technologien in nationale und internationale Klimaschutzstrategien und arbeiteten eng mit Regierungen und Organisationen zusammen, um die neuen Technologien zu implementieren.

„Unsere Technologien sollen Teil eines umfassenden Klimaschutzplans werden", erklärte Michael. „Wir müssen sicherstellen, dass sie effektiv in bestehende Maßnahmen integriert werden."

Die Kommunikation der Erfolge der neuen Technologien an die Öffentlichkeit

Ein wichtiger Aspekt der Einführung neuer Technologien war die Kommunikation der Erfolge an die Öffentlichkeit. Hartmann und ihr Team setzten verschiedene Kommunikationsstrategien ein, um die Öffentlichkeit über die Fortschritte und Ergebnisse der neuen Technologien zu informieren.

„Die Kommunikation unserer Erfolge ist entscheidend für die Akzeptanz unserer Technologien", sagte Hartmann. „Wir müssen sicherstellen, dass die Öffentlichkeit über unsere Fortschritte informiert ist."

Sie nutzten Medienkampagnen, Pressemitteilungen und öffentliche Veranstaltungen, um die Erfolge der Technologien zu präsentieren und das Bewusstsein für den Klimaschutz zu stärken.

„Unsere Kommunikation soll transparent und inspirierend sein", erklärte Michael. „Wir möchten, dass die Menschen sehen, dass der Klimaschutz Fortschritte macht."

Die langfristige Überwachung und Weiterentwicklung der Technologien

Nach der Einführung der neuen Technologien begann das Team mit der langfristigen Überwachung und Weiterentwicklung der Technologien, um sicherzustellen, dass sie weiterhin effektiv und effizient waren.

„Die Überwachung unserer Technologien ist ein kontinuierlicher Prozess", sagte Hartmann. „Wir müssen sicherstellen, dass wir regelmäßig überprüfen, ob die Technologien den gewünschten Effekt haben."

Sie entwickelten Pläne für die regelmäßige Überprüfung und Weiterentwicklung der Technologien, um sicherzustellen, dass sie den aktuellen Anforderungen des Klimaschutzes gerecht wurden.

„Unsere Arbeit ist noch lange nicht abgeschlossen", erklärte Michael. „Wir müssen kontinuierlich an der Verbesserung unserer Technologien arbeiten."

Kapitel 19: Die Herausforderungen und Erfolge der internationalen Klimainitiativen

Die internationalen Herausforderungen beim Klimaschutz

Der Erfolg von Eden und dem „Global Climate Pact" hatte gezeigt, dass internationaler Klimaschutz möglich war, aber es gab weiterhin viele Herausforderungen, die es zu bewältigen galt.

„Internationale Klimainitiativen sind mit vielen Herausforderungen verbunden", sagte Hartmann bei einem Treffen mit internationalen Partnern. „Wir müssen diese Herausforderungen erkennen und Strategien entwickeln, um sie zu überwinden."

Zu den Herausforderungen gehörten politische Differenzen zwischen Ländern, unterschiedliche wirtschaftliche Interessen und der Mangel an Ressourcen in einigen Regionen. Hartmann und ihr Team arbeiteten daran, Lösungen für diese Probleme zu finden und den internationalen Klimaschutz voranzutreiben.

„Wir müssen gemeinsame Interessen finden und Lösungen entwickeln", erklärte Michael. „Unsere Partnerschaften müssen stark und stabil sein, um erfolgreich zu sein."

Die Erfolge der internationalen Klimainitiativen

Trotz der Herausforderungen gab es auch viele Erfolge im Rahmen der internationalen Klimainitiativen. Hartmann und ihr Team konnten zahlreiche Fortschritte im Klimaschutz erzielen und erfolgreiche Projekte umsetzen.

„Unsere internationalen Initiativen haben bereits viel erreicht", sagte Hartmann. „Wir haben Fortschritte bei der Reduktion von Treibhausgasen erzielt und neue Partnerschaften aufgebaut."

Die Erfolge umfassten die Einführung neuer Technologien, die Umsetzung von Klimaschutzprojekten und die Schaffung eines globalen Netzwerks von Klimaschutzexperten.

„Unsere Erfolge zeigen, dass internationaler Klimaschutz möglich ist", erklärte Michael. „Wir können auf diesen Erfolgen aufbauen und weiter vorankommen."

Die Förderung der internationalen Zusammenarbeit im Klimaschutz

Ein zentraler Aspekt der internationalen Klimainitiativen war die Förderung der internationalen Zusammenarbeit. Hartmann und ihr Team arbeiteten daran, Partnerschaften zu stärken und den Austausch von Wissen und Best Practices zu fördern.

„Internationale Zusammenarbeit ist der Schlüssel zu unserem Erfolg", sagte Hartmann. „Wir müssen unsere Partnerschaften pflegen und den Austausch von Ideen und Erfahrungen fördern."

Sie organisierten internationale Konferenzen und Foren, um den Austausch zwischen Klimaschutzexperten zu ermöglichen und neue gemeinsame Projekte zu initiieren.

„Unsere Zusammenarbeit ist eine wichtige Grundlage für den Klimaschutz", erklärte Michael. „Gemeinsam können wir große Fortschritte erzielen."

Die Entwicklung neuer internationaler Klimaschutzprojekte

Im Rahmen der internationalen Klimainitiativen wurden auch neue Projekte entwickelt, die sich auf verschiedene Aspekte des Klimaschutzes konzentrierten.

„Wir arbeiten an neuen Projekten, die den Klimaschutz weiter vorantreiben", sagte Hartmann. „Diese Projekte sollen neue Ansätze und Lösungen für globale Klimafragen bieten."

Die Projekte umfassten Initiativen zur Reduktion von Treibhausgasen, zur Förderung erneuerbarer Energien und zur Unterstützung nachhaltiger Entwicklung.

„Unsere neuen Projekte sollen die nächste Phase des Klimaschutzes einleiten", erklärte Michael. „Wir möchten innovative Lösungen entwickeln und umsetzen."

Die Bedeutung von Bildung und Bewusstseinsbildung für internationale Klimaschutzinitiativen

Bildung und Bewusstseinsbildung waren auch im Rahmen der internationalen Klimaschutzinitiativen wichtige Themen. Hartmann und ihr

Team setzten sich dafür ein, dass Bildung und Aufklärung zentrale Bestandteile der internationalen Klimaschutzstrategie waren.

„Bildung ist ein wichtiger Bestandteil unserer internationalen Klimainitiativen", sagte Hartmann. „Wir müssen die Menschen weltweit über den Klimawandel aufklären und sie zu umweltbewusstem Handeln motivieren."

Sie unterstützten Bildungsprogramme und Aufklärungskampagnen in verschiedenen Ländern, um das Bewusstsein für den Klimawandel zu stärken und die Menschen zu einem umweltfreundlichen Verhalten zu ermutigen.

„Unsere Bildungsinitiativen sollen inspirierend und motivierend sein", erklärte Michael. „Wir möchten, dass Menschen weltweit verstehen, wie wichtig der Klimaschutz ist."

Die Sicherstellung der langfristigen Wirkung der internationalen Klimaschutzprojekte

Ein wichtiger Aspekt der internationalen Klimainitiativen war die Sicherstellung der langfristigen Wirkung der Projekte. Hartmann und ihr Team entwickelten Strategien, um sicherzustellen, dass die Projekte nachhaltige Erfolge erzielten.

„Langfristige Wirkung ist entscheidend für den Erfolg unserer Klimaschutzprojekte", sagte Hartmann. „Wir müssen sicherstellen, dass unsere Projekte auch in Zukunft Wirkung zeigen."

Sie entwickelten Pläne für die langfristige Überwachung und Evaluierung der Projekte, um sicherzustellen, dass die Erfolge aufrechterhalten und weiterentwickelt wurden.

„Unsere Arbeit endet nicht mit der Umsetzung der Projekte", erklärte Michael. „Wir müssen die langfristige Wirkung unserer Maßnahmen sicherstellen."

Die Weiterentwicklung der internationalen Klimaschutzstrategien

Abschließend konzentrierte sich das Team auf die Weiterentwicklung der internationalen Klimaschutzstrategien, um zukünftige Herausforderungen zu bewältigen und neue Ziele zu erreichen.

„Die Weiterentwicklung unserer Strategien ist ein kontinuierlicher Prozess", sagte Hartmann. „Wir müssen flexibel bleiben und neue Ansätze entwickeln."

Sie arbeiteten daran, die internationalen Klimaschutzstrategien zu aktualisieren und anzupassen, um den sich ändernden Anforderungen des Klimaschutzes gerecht zu werden.

„Wir möchten sicherstellen, dass unsere Strategien zukunftsfähig sind", erklärte Michael. „Wir müssen bereit sein, neue Wege zu gehen und innovative Lösungen zu finden."

Kapitel 20: Die Transformation von Eden in eine globale Klimaschutzorganisation

Die Vision für eine globale Klimaschutzorganisation

Nach dem Erfolg von Eden und dem „Global Climate Pact" war es an der Zeit, Eden in eine globale Klimaschutzorganisation zu transformieren. Hartmann und ihr Team entwickelten eine Vision für die zukünftige Rolle von Eden als führende Organisation im globalen Klimaschutz.

„Unsere Vision ist es, Eden zu einer globalen Klimaschutzorganisation zu machen", sagte Hartmann bei einem Treffen mit ihren Mitarbeitern. „Wir möchten sicherstellen, dass Eden eine zentrale Rolle im internationalen Klimaschutz spielt."

Die Vision umfasste die Schaffung einer Organisation, die internationale Klimaschutzprojekte initiierte, innovative Technologien entwickelte und globale Partnerschaften förderte.

„Wir möchten eine Organisation aufbauen, die weltweit Einfluss auf den Klimaschutz hat", erklärte Michael. „Eden soll ein Symbol für den Erfolg im Klimaschutz werden."

Die Struktur und Organisation der neuen globalen Klimaschutzorganisation

Die Transformation von Eden erforderte die Entwicklung einer neuen Struktur und Organisation für die globale Klimaschutzorganisation. Hartmann und ihr Team arbeiteten daran, eine effektive und effiziente Organisation aufzubauen.

„Die Struktur unserer Organisation muss effektiv und nachhaltig sein", sagte Hartmann. „Wir müssen sicherstellen, dass wir unsere Ziele erreichen und unsere Mission erfolgreich umsetzen können."

Sie entwickelten ein Organisationsmodell, das verschiedene Abteilungen und Teams umfasste, die sich auf unterschiedliche Aspekte des Klimaschutzes konzentrierten.

„Unsere Struktur muss flexibel und anpassungsfähig sein", erklärte Michael. „Wir müssen in der Lage sein, auf Veränderungen zu reagieren und neue Herausforderungen zu bewältigen."

Die Rekrutierung von Experten und Führungskräften für die globale Klimaschutzorganisation

Ein wichtiger Schritt in der Transformation von Eden war die Rekrutierung von Experten und Führungskräften für die neue globale Klimaschutzorganisation. Hartmann suchte nach talentierten Fachleuten, die die Organisation leiten und ihre Ziele vorantreiben konnten.

„Wir brauchen die besten Experten und Führungskräfte, um unsere Vision umzusetzen", sagte Hartmann. „Wir müssen sicherstellen, dass wir ein starkes Team aufbauen."

Sie suchten nach Fachleuten aus verschiedenen Bereichen, darunter Klimaforschung, Umwelttechnik, internationale Beziehungen und Öffentlichkeitsarbeit.

„Unser Team wird aus erfahrenen und engagierten Fachleuten bestehen", erklärte Michael. „Gemeinsam werden wir die Zukunft des Klimaschutzes gestalten."

Die Entwicklung von Strategien und Programmen für die globale Klimaschutzorganisation

Nach der Schaffung der neuen Struktur und der Rekrutierung des Teams begann Hartmann mit der Entwicklung von Strategien und Programmen für die globale Klimaschutzorganisation.

„Wir müssen klare Strategien und Programme entwickeln, um unsere Ziele zu erreichen", sagte Hartmann. „Unsere Strategien sollten die Grundlage für unsere zukünftige Arbeit im Klimaschutz bilden."

Die Strategien umfassten die Planung neuer Klimaschutzprojekte, die Entwicklung von Partnerschaften und die Förderung von Bildungs- und Aufklärungsmaßnahmen.

„Unsere Programme sollen innovativ und wirkungsvoll sein", erklärte Michael. „Wir möchten einen langfristigen Beitrag zum Klimaschutz leisten."

Die Etablierung von Partnerschaften und Netzwerken für die globale Klimaschutzorganisation

Ein wichtiger Aspekt der Transformation war die Etablierung von Partnerschaften und Netzwerken, um die Arbeit der globalen Klimaschutzorganisation zu unterstützen.

„Partnerschaften und Netzwerke sind entscheidend für unseren Erfolg", sagte Hartmann. „Wir müssen starke Verbindungen zu internationalen Partnern aufbauen und unser Netzwerk erweitern."

Sie arbeiteten daran, Partnerschaften mit Regierungen, Unternehmen und NGOs zu etablieren und ein globales Netzwerk von Klimaschutzexperten und -organisationen aufzubauen.

„Unsere Partnerschaften werden unsere Arbeit stärken und unsere Reichweite erweitern", erklärte Michael. „Gemeinsam können wir mehr erreichen."

Die Öffentlichkeitsarbeit und Kommunikation der Mission der globalen Klimaschutzorganisation

Die Öffentlichkeitsarbeit und Kommunikation waren wichtige Elemente der Transformation von Eden. Hartmann und ihr Team entwickelten Kommunikationsstrategien, um die Mission und Ziele der neuen globalen Klimaschutzorganisation zu präsentieren.

„Unsere Öffentlichkeitsarbeit muss klar und inspirierend sein", sagte Hartmann. „Wir möchten die Menschen über unsere Mission informieren und sie zum Handeln motivieren."

Sie entwickelten Medienkampagnen, Pressemitteilungen und öffentliche Veranstaltungen, um die Ziele der Organisation bekannt zu machen und Unterstützung zu gewinnen.

„Unsere Kommunikation soll das Engagement für den Klimaschutz fördern und die Öffentlichkeit mobilisieren", erklärte Michael. „Wir möchten eine breite Unterstützung für unsere Mission gewinnen."

Die Planung der langfristigen Ziele und Visionen für die globale Klimaschutzorganisation

Abschließend konzentrierte sich das Team auf die Planung der langfristigen Ziele und Visionen für die globale Klimaschutzorganisation. Hartmann und ihr

Team entwickelten eine langfristige Strategie für die Zukunft der Organisation und den globalen Klimaschutz.

„Wir müssen eine klare Vision für die Zukunft entwickeln", sagte Hartmann. „Unsere langfristigen Ziele sollen die Grundlage für unsere Arbeit in den kommenden Jahren bilden."

Sie entwickelten Pläne für zukünftige Projekte, die Weiterentwicklung der Organisation und die langfristige Sicherstellung der Erfolge im Klimaschutz.

„Unsere Vision ist eine nachhaltige Zukunft für unseren Planeten", erklärte Michael. „Wir möchten eine Organisation schaffen, die den Klimaschutz weltweit vorantreibt und langfristige Erfolge erzielt."

Schlusswort: Der Weg in die Zukunft

Die Bilanz der Erfolge und Herausforderungen von Eden und dem „Global Climate Pact"

Am Ende ihrer Reise zogen Hartmann und ihr Team eine Bilanz der Erfolge und Herausforderungen von Eden und dem „Global Climate Pact". Sie reflektierten über die Fortschritte, die sie erzielt hatten, und die Lektionen, die sie auf dem Weg gelernt hatten.

„Wir haben viel erreicht, aber es gibt noch viel zu tun", sagte Hartmann. „Unsere Erfolge zeigen, dass Klimaschutz möglich ist, aber wir dürfen uns nicht auf unseren Lorbeeren ausruhen."

Sie erkannten, dass die Arbeit im Klimaschutz ein kontinuierlicher Prozess war, der ständiges Engagement und neue Ideen erforderte.

„Unsere Erfolge sind ein Beweis dafür, dass wir gemeinsam etwas bewirken können", erklärte Michael. „Aber wir müssen weiter an unseren Zielen arbeiten und neue Herausforderungen angehen."

Die Vision für eine nachhaltige Zukunft

Mit Blick auf die Zukunft formulierten Hartmann und ihr Team eine Vision für eine nachhaltige Welt. Sie stellten sich eine Zukunft vor, in der der Klimaschutz eine zentrale Rolle im Leben der Menschen spielte und nachhaltige Lösungen für die Herausforderungen der Umwelt entwickelt wurden.

„Unsere Vision ist eine Welt, in der Nachhaltigkeit und Umweltschutz im Mittelpunkt stehen", sagte Hartmann. „Wir möchten eine Zukunft schaffen, in der die Menschen Verantwortung für ihren Planeten übernehmen."

Sie arbeiteten daran, diese Vision in die Tat umzusetzen und die Grundlagen für eine nachhaltige Zukunft zu legen.

„Es liegt an uns, die Welt von morgen zu gestalten", erklärte Michael. „Unsere Arbeit ist noch lange nicht abgeschlossen, aber wir sind auf einem guten Weg."

Die Rolle der nächsten Generation im Klimaschutz

Ein wichtiger Aspekt der Zukunftsvision war die Rolle der nächsten Generation im Klimaschutz. Hartmann und ihr Team erkannten, dass es wichtig war, junge Menschen zu inspirieren und zu motivieren, sich für den Klimaschutz einzusetzen.

„Die nächste Generation wird eine entscheidende Rolle im Klimaschutz spielen", sagte Hartmann. „Wir müssen sicherstellen, dass wir sie ermutigen und unterstützen."

Sie entwickelten Programme und Initiativen, die darauf abzielten, junge Menschen für den Klimaschutz zu begeistern und ihnen die Werkzeuge zu geben, die sie benötigten, um aktiv zu werden.

„Wir möchten eine Bewegung für den Klimaschutz schaffen, die von der nächsten Generation getragen wird", erklärte Michael. „Ihre Leidenschaft und ihr Engagement werden entscheidend für die Zukunft unseres Planeten sein."

Die Ermutigung zu persönlichem Engagement und Handeln

Abschließend betonten Hartmann und ihr Team die Bedeutung des persönlichen Engagements und Handelns im Klimaschutz. Sie ermutigten die Menschen, ihre eigenen Beiträge zum Klimaschutz zu leisten und aktiv zu werden.

„Jeder kann einen Unterschied machen", sagte Hartmann. „Wir müssen die Menschen ermutigen, sich für den Klimaschutz einzusetzen und ihren eigenen Weg zu finden, um etwas zu bewirken."

Sie setzten sich dafür ein, dass jeder Einzelne die Möglichkeit hatte, einen Beitrag zum Klimaschutz zu leisten, sei es durch kleine alltägliche Entscheidungen oder durch größere Engagements.

„Unser Ziel ist es, eine globale Bewegung für den Klimaschutz zu schaffen", erklärte Michael. „Wir möchten, dass die Menschen sehen, dass sie selbst etwas bewirken können."

Der Beginn eines neuen Kapitels im Klimaschutz

Mit der Bilanz ihrer Erfolge und der Vision für die Zukunft beendeten Hartmann und ihr Team ihre Reise und bereiteten sich auf das nächste Kapitel im Klimaschutz vor. Sie waren bereit, neue Herausforderungen anzunehmen und ihre Arbeit fortzusetzen.

„Dies ist nur der Anfang eines neuen Kapitels im Klimaschutz", sagte Hartmann. „Wir haben viel erreicht, aber es gibt noch viel zu tun."

Sie blickten voller Zuversicht und Entschlossenheit auf die kommenden Aufgaben und waren bereit, ihren Weg im Klimaschutz fortzusetzen.

„Unsere Reise ist noch lange nicht zu Ende", erklärte Michael. „Wir werden weiterhin an unseren Zielen arbeiten und uns für eine nachhaltige Zukunft einsetzen."

-Ende-

1.Auflage 2024
Copyright © LucieArt
Webseite lucieart.jimdo.com
Hol' dir mein Geschenk für dich - völlig kostenlos->
31 Möglichkeiten, dich selbst zum LÄCHELN zu bringen (in englischer Sprache)
-> www.lnk.bio/LucieArt
Hier findest du auch weitere e-books und Online-Kurse von mir.
Alle weiteren Bücher (Hardcover, Taschenbücher und E-Books) von LucieArt: https://www.amazon.com/stores/author/B0D733K8N6/allbooks
Mehr Informationen sowie
- spannende Blogartikel
- kostenlose Meditationen
- eine Yoga Nidra Einheit zum
Einschlafen- Schlafmeditation
- von mir selbst gestaltete Motivationskartensets
- & einen tollen Shop mit handgefertigtem Schmuck mit ausgesuchten Edelsteinen findest du unter www.lucieart.jimdo.com[1] .
Des Weiteren findest du in meinem Fotos-Shop schöne Kunstdrucke, Leinwanddrucke, Gallery Prints, Poster, sowie Grußkarten mit wunderschönen Fotografien und Impressionen aus der Natur unter
www.artflakes.com/de/shop/lucieart
Folge auch gerne meinen YouTube Kanälen:
www.youtube.com/@Music-for-your-soul-now
www.youtube.com/@LucieArt1
www.youtube.com/@Master-your-mind-now[2]
Wie du siehst gibt es noch einiges zu entdecken, also fühl' dich frei und lass dich am besten gleich weiter inspirieren...

Impressum
Lucie Butzbach
Friedenstraße 29
89231 Neu-Ulm
Web: lucieart.jimdo.com
Die in diesem Buch enthaltenen Informationen sind sorgfältig recherchiert, es wird jedoch keine Gewähr für die Vollständigkeit und Richtigkeit übernommen. Die Haftung der Verfasserin für Personen-, Sach- und Vermögensschäden ist ausgeschlossen!

---

1. http://www.lucieart.jimdo.com
2. http://www.youtube.com/@Master-your-mind-now

Wenn dir dieses Buch gefallen hat und du dadurch auch einen gewissen Mehrwert bekommen hast, würde ich mich sehr freuen, wenn du meine Arbeit unterstützen würdest.

Dies geht ganz einfach, indem du eine kurze, positive Rezension/Bewertung über das Buch in Amazon verfasst und mir ein paar Sternchen schenkst :) .

Herzlichen Dank und alles Gute wünscht dir,
    LucieArt

Hier gibt es noch weitere Bücher, Kurse sowie eine Hördatei von LucieArt, erhältlich in Amazon (amazon.com/author/lucieart) oder unter
https://lnk.bio/LucieArt

Die transformative Kraft der Meditation
Dein Weg zu innerem Frieden und mentaler Klarheit

Lass dich von inspirierenden Erfolgsgeschichten und Fallstudien motivieren und entdecke, wie auch du von der kraftvollen Wirkung der Meditation profitieren kannst.
Tauche ein in die faszinierende Welt der Kristalle mit dem

"Lexikon der Kristalle: Entdecke die Wirkung und Anwendung der 60 bekanntesten Edelsteine".

Dieses handliche Nachschlagewerk bietet dir eine klare und strukturierte Übersicht der 60 beliebtesten Edelsteine, perfekt gegliedert nach körperlicher Wirkung, geistiger Wirkung und spirituellen Aspekt.

- **Körperliche Wirkung:** Entdecke, wie die Kristalle dein körperliches Wohlbefinden fördern und bei verschiedenen gesundheitlichen Beschwerden unterstützend wirken können.

- **Geistige Wirkung:** Erfahre, wie die Kristalle deine mentale Klarheit, Konzentration und emotionale Ausgeglichenheit verbessern können.

- **Spiritueller Aspekt:** Tauche ein in die spirituellen Eigenschaften der Kristalle und lerne, wie sie deine Meditationen und spirituellen Praktiken bereichern können.

Dieses Lexikon ist der ideale Begleiter für Einsteiger und erfahrene Kristallliebhaber gleichermaßen und bietet alles, was du brauchst, um die positiven Energien der Edelsteine zu verstehen und zu nutzen.

Sternzeichen-Guide:
Einblick in alle zwölf Tierkreiszeichen

Tauche ein in die faszinierende Welt der Astrologie mit dem Sternzeichen-Guide! Dieses umfassende Nachschlagewerk bietet einen tiefgehenden Einblick in die geheimnisvollen und vielfältigen Eigenschaften der zwölf Tierkreiszeichen. Ob du ein neugieriger Anfänger oder ein erfahrener Astrologie-Enthusiast bist, dieses Buch wird dir helfen, die einzigartigen Merkmale und Qualitäten jedes Sternzeichens besser zu verstehen.

Was erwartet dich im Sternzeichen-Guide?
- **Umfassende Darstellung der Charaktereigenschaften:** Entdecke detaillierte Beschreibungen zu den Persönlichkeitsmerkmalen jedes Sternzeichens.
- **Stärken und Schwächen im Fokus:** Erfahre mehr über die typischen Stärken und Schwächen jedes Tierkreiszeichens und wie sie sich auf das tägliche Leben auswirken können.
- **Interessante Fakten und Anekdoten:** Tauche ein in spannende und ungewöhnliche Fakten über Horoskope, die dir garantiert neu sein werden.
- **Umfangreiches eBook:** Mit über 113 Seiten geballtem Wissen über alle Tierkreiszeichen ist dieses Buch ein Muss für alle, die tiefer in das Thema Astrologie eintauchen möchten.
Warum solltest du den Sternzeichen-Guide lesen?
- **Für Anfänger und Enthusiasten gleichermaßen geeignet:** Egal, ob du dich erstmalig mit Astrologie beschäftigst oder bereits ein erfahrener Leser bist, dieses Buch bietet wertvolle Einblicke.
- **Praktisches Nachschlagewerk:** Ideal für schnelle Informationen über jedes Sternzeichen und deren Einflüsse.
- **Einzigartige Einblicke:** Entdecke verborgene Seiten der Persönlichkeiten, die dir helfen werden, Menschen besser zu verstehen und zwischenmenschliche Beziehungen zu vertiefen.
- **Aktualisiertes Wissen:** Basierend auf aktuellen astrologischen Erkenntnissen und Traditionen.
- Hol dir deinen Sternzeichen-Guide noch heute! -

Die 66 beliebtesten Edelsteine und ihre Wirkung

Perfekt für Einsteiger und erfahrene Edelsteinliebhaber bietet dieses Buch eine kompakte und leicht zugängliche Ressource, um die positiven Energien der Edelsteine in dein Leben zu integrieren.

Entdecke die geheimnisvolle Welt der Edelsteine.

Yoga Nidra Schlafmeditation zum Anhören als Download.

Entspannendes Yoga Nidra zum Einschlafen.

Diese geführte Einheit Yoga Nidra bringt Dich zurück in Deinen Körper. Die ruhige und ausgleichende Stimme von LucieArt trägt Dich durch eine transformierende Einheit des "Schlaf-Yogas". Am Ende findest Du tiefenentspannt in einen erholsamen Schlaf.

Mit dem Kauf dieser Einheit erhältst Du die Yoga Nidra Schlafmeditation zum Download und kannst sie egal wo und egal wann und so oft Du möchtest durchführen, auch offline, wenn Du mal kein Internet zur Verfügung haben solltest.

42 Minuten Tiefenentspannung für einen erholsamen Schlaf.

Yoga Nidra ist eine Yoga-Technik, mit der tiefere Bewusstseinsschichten erreicht werden sollen. Durch völlige Tiefenentspannung bei klarem Bewusstsein soll ein psychischer Schlaf erreicht werden.

Complete online package: Pretend to be a Time Traveler
(in englischer Sprache)
-> https://patreon.com/LucieArt528
Connect with your audience by helping them to let go of the past and avoid worrying about the future. Meditating, mindfulness & present moment mindset are timely topics today!

Start an email series that addresses these topics. Challenge your list members to go for 5 days without rehashing the past or worrying about what is to come.

Check out these resources below for brandable, ready-made content you can use for this holiday...

HERE'S WHAT YOU GET (in English):
- 1 E- Book : Develop A Present Moment Mindset And Enjoy Your Life (37pages)
- 6 Affirmation Reflections
- 2 Action Guides, Coaching Handouts & Lead Magnets
- 5 Articles & Blog Posts
- 4 Worksheets
- 1 Checklists & 1 Report

—-> YOU CAN

Brand It As Your Own
Give It Away or Sell It
Repurpose into other formats
Keep 100% of the Profit.
No Attribution or Royalties
Use in Unlimited Projects
- E-Book: Develop A Present Moment Mindset And Enjoy Your Life (37pages)
- Affirmation Reflections

6 INCLUDED IN THIS BUNDLE

Help your clients find peace, joy, and happiness using the power of positive thoughts and words. These affirmations are perfect to post on social media, newsletters, and emails... but you can also record these reflections on your podcasts and videos or as a meditative audio program.

Topics Include:

Releasing The Past Helps Me Embrace The Present

I Release The Past

I Let Go Of The Past And Create The Future I Want

I Am Free From The Shackles Of My Past

I Make An Effort To Mend Relationships From My Past

Reflection Produces Growth

- Action Guides, Coaching Handouts & Lead Magnets

2 INCLUDED IN THIS BUNDLE

These coaching handouts make for great lead magnet, giveaways, or printables that you can offer to clients in your waiting room, in your emails, or on your site. They're short yet actionable, and professionally designed so you look great and stand out.

Topics Include:

25 Ways To Develop A Present Moment Mindset

10 Guidelines For Meditation Success

- Articles & Blog Posts

5 INCLUDED IN THIS BUNDLE

These coaching articles are perfect for your email newsletters, magazines, blog posts, or even posting on LinkedIn. Take it a step further by combining several articles into a report that you giveaway or sell as your own. You can even compile a couple dozen articles to create a solid foundation for your next coaching course.

Topics Include:

Are You Living In The Past

16 Practical Tips For Meditation Beginners

How To Detach From Past Negative Experiences

Leverage Your Past For Greater Success In Your Future

Top 10 Ways To Let Go Of Pain From Your Past

- Worksheets

4 INCLUDED IN THIS BUNDLE

These brandable coaching resources are a great way to get your audience to self-reflect and compose their thoughts. These worksheets are an excellent companion to your reports, courses, coaching sessions, and training programs since it helps to reinforce your core message. Give them away, add it to your members area, print them, or add it as a bonus to your products and offers.

Topics Include:

Reprogramming Your Subconscious Mind Worksheet

Develop A Present Moment Mindset And Enjoy Your Life Worksheet

Stop Living Life As A Victim Worksheet

Past Relationships Worksheet

- Checklists 1 INCLUDED IN THIS BUNDLE

Checklists are a fantastic add-on to your courses and products. Since they are short and skimmable, it's a great way to connect with your busy clients and reinforce the core lessons. You can also give these away as a lead magnet or add it to your membership site.

Topics Include: Stop Living Life As A Victim Checklist

Complete online package: Pretend to be a Time Traveler
   (in englischer Sprache)

Milton Keynes UK
Ingram Content Group UK Ltd.
UKHW020057181024
449757UK00011B/648